2도가 오르기 전에

2도가 오르기 전에

초판 1쇄 발행 2021년 10월 11일
초판 4쇄 발행 2022년 8월 19일

지은이 남성현
펴낸이 이범상
펴낸곳 (주)비전비엔피 · 애플북스

기획편집 이경원 차재호 김승희 김연희 고연경 박성아 최유진 김태은 박승연
디자인 최원영 이상재 한우리
본문 일러스트 김윤경
마케팅 이성호 이병준
전자책 김성화 김희정
관리 이다정

주소 우)04034 서울시 마포구 잔다리로7길 12 (서교동)
전화 02)338-2411 | **팩스** 02)338-2413
홈페이지 www.visionbp.co.kr
인스타그램 www.instagram.com/visionbnp
포스트 post.naver.com/visioncorea
이메일 visioncorea@naver.com
원고투고 editor@visionbp.co.kr

등록번호 제313-2007-000012호

ISBN 979-11-90147-71-2 03450

도서에 대한 소식과 콘텐츠를
받아보고 싶으신가요?

2도가 오르기 전에

기후위기의 지구를 지키기 위해 알아야 할 모든 것

남성현 지음

애플북스

ıⁱ

프롤로그

　과학자들이 '기후변화(Climate Change)'를 우려하며 목소리를 내기 시작한 것은 상당히 오래 전부터이다. 그럼에도 '기후위기(Climate Crisis)'를 넘어 이제는 '기후-비상(Climate Emergency)'이라는 용어까지 등장할 정도로 기후문제에 대한 걱정이 전 세계적으로 점점 더 커지고 있다. 그 이유는 무엇일까? 이대로 가면 정말 인류의 생존마저 위협받게 될까?

　각종 이상기후와 환경 오염에 코로나19(COVID-19) 팬데믹까지 겹치며 많은 사람이 지구 환경 위기를 실감하고 있다. 그런데 심각성은 알겠는데, 정작 '기후'에 대해서는 여전히 잘 모르겠다고 말하는 이들도 있다. 게다가 모두가 '기후'에 대해 당연히 알고 있다고 전제하며 그 '변화'가 문제라고 이야기할 뿐, '기후'라는 과학적 개념에 대해서는 쉽게 설명해 주지 않는다.

이 책을 집필한 이유는 '기후 변화'를 말하기에 앞서, 광범위한 지구 환경 전반의 '기후' 개념을 정리하기 위해서다. 따라서 우리가 살고 있는 지구를 구성하는 하늘과 땅과 바다, 그리고 얼음 등 각각에서 기후와 관련된 개념은 무엇이고, 어떻게 그리고 왜 기후가 변화하는지, 그 결과 어떤 일이 벌어질지에 대한 질문들을 모아 답하는 형식으로 설명하려 한다.

남성현

PART 1 기후의 정의

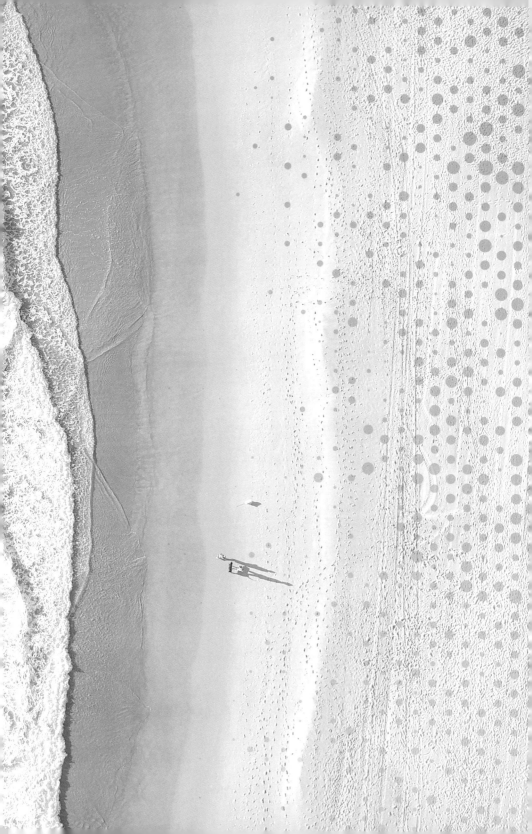

01

기후와 날씨는
어떻게 다를까?

최근 들어 기후에 대한 관심이 부쩍 늘었다. 아마도 본격화된 **기후변화**(climate change), 아니 **기후위기**(climate crisis), **기후재앙**(climate disaster), **기후비상**(climate emergency)의 영향을 피부로 느끼기 때문일 것이다. 기후변화를 알려면 기후가 무엇인지부터 생각해 봐야 한다. 흔히 기후를 날씨(기상)와 혼동하는데, 사실 이 둘은 개념이 전혀 다르다. 기후는 긴 시간 동안의 평균적인 상태를 의미하며, 매일 그리고 시시각각으로 변화하는 날씨를 의미하는 '기상'과 구분된다. 즉 어떤 지역에서 규칙적으로 반복해서 변화하는 기상 현상을 일정 기간 평균하면 이것이 바로 기후인 것이다. 예를 들면, 하루 중에도 아침에는 기온이 크게 떨어졌다가 낮에 오르고 저녁에는 다시 떨어지는 변화를 겪는다. 또 계절적으로도 여름에는 기온이 높고 겨울에는 기온이 낮은데, 이는 모두 기상 현상이지 기후라고 하지 않는다. 반면에 지난 수십 년 동안 여름철 아침 최저 기온을 평균하면 더 이상 '기상'이 아니라 '기후'의 개념이 된다.

세계기상기구(World Meteorological Organization, WMO)에서는 30년 동안의 평균값을 기준으로 삼아 흔히 기온, 강수량, 바람과 같은 지상 요소들의 종합적인 상태로 해당 지역의 기후를 나타낸다. 아울러 10년 주기로 평균값을 계속 경신해 기후의 '변화'도 고려한다. 유엔기후변화협약(United Nations Framework Convention on Climate Change, UNFCCC)에서는 기후변화를 '직접적 또는 간접적으로 전체 대기의 성분을 바꾸는 인간 활동에 의한, 그리고 비교할 수 있는 시간 동안 관측된 자연적 기후변동을 포함한 기후의 변화'라고 정의한다. 여기에는 인간 활동에 의해서든 자연적인 변동에 의해서든 기후가 일정하지 않고 변화한다는 의미가 담겨 있다. 기후는 원래 장기간의 평균적인 상태이므로 잘 변화하지 않고, 기상 현상만이 변화무쌍하다. 하지만 10년마다 평균값을 계산해서 비교해 보면 1950년대와 2000년대의 기후가 서로 다르고, 1990년대와 2010년대의 기후가 다르므로 '기후변화'라 부르는 것이다.

넓은 의미에서의 기후는 단순히 수십 년간의 시간적 평균만을

기후의 정의

의미하는 것이 아니라 통계적인 기법을 포함한 기후 시스템의 종합적인 상태를 뜻한다. 과거에는 단순히 한 해나 한 달 등 장기간 평균값을 계산해 기후를 표현했는데 결과가 반드시 가장 자주 발생하는 기상 현상에 해당하지는 않을 수도 있다. 또 이러한 장기간 평균은 불규칙한 기상 현상의 원인을 설명하기보다는 통계적 의미만 지니기 때문에, 대기 역학을 좀 더 동적으로 해석해 큰 규모의 대기 순환이나 요란을 토대로 기단, 전선 등의 출현빈도 분포에 따라 기후를 조사하기도 한다.

기후과학자, 기상학자, 대기과학자, 해양과학자, 지질과학자 등 기후 전문가들은 흔히 기상을 '기분', 기후를 '성품'에 비유한다. 기분(기상)은 매일 그리고 시시각각 변화하지만 한 사람의(특정 지역의) 성품(기후)은 쉽게 변하지 않으므로, 만약 성품이 변화하면 '기후변화'와 같이 문제가 된다. 또 "기후란 당신이 생각하는 것이고, 기상은 당신이 보는 것이다."라고 비유하거나 "기상은 우리가 무슨 옷을 입을지를 알려주고, 기후는 우리가 무슨 옷을 사야 할지를 알려준다."라고 비유하기도 한다. 이처럼 기후는 기상과는 개념이 다르므로 반드시 구분해서 생각해야 한다.

02

기후는
원래 변하지 않을까?

사실 오랜 지구의 역사에서 기후는 늘 변해 왔고 앞으로도 계속 변할 것이다. 즉 산업혁명 이후 온실가스 배출을 증가시킨 각종 인간 활동으로 말미암아 기후변화가 나타났지만, 사실 그 전에도 빙하기와 간빙기를 거치며 기후가 자연적인 변화를 겪었고 이것은 오늘날까지 이어지고 있다. 태양 활동과 같은 외적 요인과 지구 시스템 내부의 하늘, 땅, 바다, 얼음, 생물 사이의 복잡한 상호 작용에 의해 자연적으로 나타나는 기후변화를 지구온난화와 같은 인위적인 기후변화와 구별하기 위해 **자연적 기후 변동성**이라 부르기도 한다. 문제는 오늘날의 인위적 기후변화가 이러한 자연적 기후 변동성 범위를 벗어나 지구의 역사에서 전례를 찾아볼 수 없을 만큼 빠른 속도로 전반적인 지구 환경을 변화시키고 있다는 점이다. 아직까지는 우리의 노력으로 최악의 상황을 막을 수 있지만, 점점 돌이킬 수 없는 수준에 가까워지고 있으며 인류의 생존을 위해 더 이상 물러설 수 없는 상태에 이르렀다.

자연적 기후 변동성에 대한 연구 결과들을 보면 지구의 기후는 태양 활동의 변화, 태양과 지구의 상대적 위치 변화 등의 외적 요인에 민감하게 반응한다. 그뿐만 아니라 화산 분화에 따른 성층권 에어로졸 농도 변화, 얼음으로 덮인 면적의 변화, 바닷속 내부에서 일어나는 거대한 흐름의 변화 등 지구 시스템 내부 요소들의 상호 작용에 의해서도 크게 좌우될 수 있다. 예를 들면 고위도의 바다 표면에서 무거워진 바닷물은 바닷속 깊이 가라앉고 저위도의 따뜻한 바닷물이 이를 채우기 위해 고위도로 이동하며 열을 공급해 주는데, 만약 이러한 순환이 약해지면 북반구에 빙하기가 도래할 수도 있다는 주장이 제기되기도 했다. 2005년에는 수십 년 동안 장기적으로 대서양 심층에서 해류가 약해졌다는 관측 연구 결과[1]가 발표되었는데, 이를 모티브로 삼아 영화 〈투모로우(2004, 원제: The Day After Tomorrow)〉가 만들어지기도 했다. 물론 과학자들은 영화와 같은 빙

· · · ·

1   Bryden, H. L., H. R. Longworth, and S. A. Cunningham (2005), Slowing of the Atlantic meridional overturning circulation at 25 degrees N, *Nature*, 438, 655-657.

하기의 급작스러운 도래는 과장된 것이고 실제로는 100~1000년에 걸쳐 나타나며 과거 마지막 빙하기 후 찾아온 **소빙하기**(Little Ice Age)가 이러한 이유로 발생했을 것이라 추정한다.

또 9백여 명의 사망자와 65만 명의 이재민이 발생한 1991년 6월의 필리핀 피나투보 화산 폭발은 그 후 1년여간 지구 평균 기온을 섭씨 0.5도 정도 낮춘 것으로 알려졌다. 화산 폭발 당시 분출된 화산가스 속 이산화황 성분이 성층권에까지 도달해 장기간 머물면서 많은 양의 태양복사에너지를 차단해 지구를 냉각시켰기 때문인데 이를 '**피나투보 효과**'라고 부른다. 여기에서 착안해 최근에는 성층권에 이산화황을 인위적으로 살포해 지구온난화 문제를 해결하자는 아이디어가 논의되기도 했다. 영화 〈설국열차(2013)〉의 열차학교 부분에는 지구온난화 대책으로 79개국 정상들이 비행기로 냉각제 'CW-7' 물질을 살포하기로 했다는 내용이 나오는데, 아마도 이 냉각제가 이산화황일 것으로 추측한다. 그러나 영화에서처럼 온 세계가 설국이 되어 버리지 않으려면 이러한 인위적인 기후 조절 시도[2]는 효과에 대한 충분한 과학적 검증을 거쳐 매우 신중하게 이루어져야 할 것이다.

• • • •

[2] 이처럼 지구온난화 등의 기후문제 해결을 위해 기후 시스템을 인위적으로 조절 및 통제하고자 대규모로 개입하려는 방식을 지구공학(geoengineering) 혹은 기후공학(climate engineering)이라고 한다.

기후의 정의

03

기후가 변하는 것을
어떻게 알 수 있을까?

2015년 세계 각국은 온실가스 감축을 통해 지구 평균 기온 상승폭을 섭씨 2도보다 낮은 수준으로 유지하기로 협약을 체결하고[3], 가급적 1.5도보다 낮은 수준을 유지하기 위해 노력하기로 했다. 하지만 국립기상과학원은 우리나라 평균 기온이 지난 1988년 이후 30년 동안 20세기 초에 비해 이미 약 1.4도 상승했다고 발표했다. 즉 지구 평균 기온 상승보다 더 빠르게 지구온난화가 진행되고 있는 지역에 우리가 살고 있는 셈이다. 이처럼 지구온난화는 모든 지

....

3   2015년 12월 프랑스 파리에서 체결한 파리기후변화협약을 의미한다.

역에서 동일한 속도로 일어나는 것이 아니며 지구 평균 기온 상승 보다 더 빠르게 온난화가 진행 중인 지역들이 존재한다. 특히 바닷물에 비해 비열이 작은 육지는 일반적으로 해양보다 훨씬 더 빠르게 기온이 상승하며, 대륙으로 덮인 면적이 더 넓은 북반구는 남반구에 비해 더 빠르게 온난화가 진행 중이다. 물론 비열 외에도 식생등 지표면 상태 변화, 강수량이나 해양 및 대기의 순환 변화 등 복합적 요인에 의해 북반구의 빠른 온난화가 설명되고 있다.

비열이 큰 바닷물로 채워져 있어 잘 데워지거나 식기 어려운데도 북극해에서 유독 빠르게 온난화가 진행되고 있는데 이를 '북극 증폭(Artic amplification)'이라고 부른다. 북극해 표면을 덮고 있는 해빙(sea ice)[4]이 더 많이 녹으면서 태양복사에너지를 잘 반사하지 못해 바닷물의 수온이 올라가고 이에 따라 해빙이 더욱 잘 녹아 태양복사에너지 흡수가 강화되는 현상이 주요 원인으로 알려져 있다. 또, 열대 바다에서도 빠른 온난화가 진행 중인데, 유라시아 대륙 중남부와 북미 대륙 남부 등 아열대 지역의 온실가스 농도 증가가 대기 대순환을 약화시키기 때문이다. 약해진 무역풍이 저층의 차가운 바닷물을 표층으로 퍼 올리는 용승(upwelling) 현상을 약화시키는 것이 열대 해역의 온난화가 빨라지는 원인으로 지목되기도 했다. 해양과

••••
4   바다의 얼음으로 육상에 있는 빙하와 근원이 다르다.

기후의 정의

학자, 기상과학자, 기후과학자들은 이처럼 지역적으로 온난화 속도가 다르게 나타나는 다양한 과학적 원인들을 연구하고 있다. 그렇다면 과연 이들은 세계 곳곳의 온난화 속도가 다른 점, 그리고 지구전체의 평균 기온이나 그 상승 폭을 어떻게 알아낼 수 있었을까?

가장 기본적으로는 온도계로 기온, 수온, 지온 등의 온도를 측정해야 한다. 그런데 기온 등의 온도는 날씨에 따라 매일 시시각각 오르내리므로 지속적이고 일관된 방식으로 장기간에 걸쳐 정밀하게 측정하는 것이 매우 중요하다. 또 지구 평균 기온을 알아내려면 한두 지점에서만 기온을 측정해서는 대표성을 지니기 힘들기 때문에, 전 세계 곳곳의 많은 지점에서 기온을 측정해야 한다. 심지어 드넓은 바다 위에서의 기온까지도 측정해야만 지구 평균 기온을 정밀하게 알아낼 수 있다. 실제로 오늘날 전 세계 육지와 바다에 산재된 8,000여 곳에서 측정한 기온을 평균해 지구 평균 기온을 지속적으로 파악하고 있다. 하지만 일각에서는 수천 개의 기상관측소 중 상당수가 도시 인근에 위치해 있는 한, 도시화가 진행되면서 나타난 도시 열섬 현상으로 말미암아 과거보다 최근에 기온이 빠르게 상승한 것이 지구온난화로 오인될 수 있다는 주장이 제기되기도 했다. 도시는 시골보다 녹지 면적이 적고 자동차 배기가스 등 대기 오염원도 많은 데다 아스팔트와 콘크리트 등의 시설이 흡수한 열을 방출하면서 온도가 올라가기 때문이다. 오늘날에는 다양한 인공위성에 탑재된 센서를 통해 전 지구 표면을 고르게 감시하며 표면 온도를 원격 탐사 관측하고 있다. 1990년대에는 인공위성 관측 표면 온도의 변화 추세를 분석한 결과 지구온난화가 아니라 지구냉각화가 일어나고 있다는 연구 결과가 발표되기도 했다. 그러나 대기 마찰로 인공위성의 이동 속도가 점점 느려지면서 지구 표면에 조금씩 가까워져 고도 계산에 오류가 생겼고, 처음에 매일 오후 2시에 측정하던 것을 몇 년 후부터 저녁 시간대에 측정하는 등 측정 시간 오류로 장기간의 온도 변화 추세를 잘못 산정했음이 밝혀졌다. 이러한 오류를 수정한 인공위성 관측 데이터 분석 결과에서는 초기 분석 결과와 달리 매우 빠른 속도로 전 지구적 표면 온도가 상승하며 지구온난화가 진행 중인 것으로 나타났으며, 수천 개의 기상관측소 측정과도 일치했다.

장기간의 평균으로 정의되는 기후에서의 온도를 다루려면 정밀한 온도계로 수천 개의 기상관측소에서 측정이 이루어지기 전이나 인공위성 원격 탐사 방법으로 온도를 측정하기 전의 과거 온도도 알아야 한다. 이를 위해 빙하에 구멍을 뚫어 과거 물 입자를 분석하거나 나무가 자라는 속도가 기온의 영향을 받는 점을 고려해 나무의 나이테를 분석하는 방식의 추정 등이 이루어진다. 기후변화 회의론자들은 역사서를 근거로 '중세 온난기(Medieval Warm Period)'라고 부르는 10세기경에 그린란드의 온도가 지금보다 훨씬 더 높아

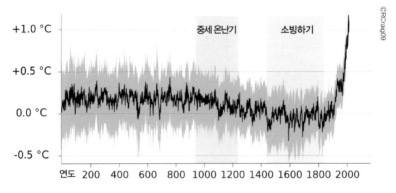

지난 2000년 동안의 지구 평균 온도 변화를 나타낸 하키 스틱 그래프.

서 숲이 무성했던 것과, 지금의 포도 재배선보다 북쪽에 있는 영국 북부 지방에서도 포도원이 번성했던 점이나 칭기즈 칸이 초지 상태가 좋은 몽골에서 번성했으나 추워지면서 유라시아 대륙 각지로 확장 진출했던 역사가 이를 설명한다고 주장하기도 했다. 이들의 당시 주장은 지금의 온난화 수준이 기후의 자연 변동성 수준에 있다는 것이었다. 그러나 과학자들은 수명이 매우 긴 소나무의 나이테, 홍해의 산호초, 빙하 코어 시료 등 전 세계 곳곳의 천연 온도계 추정 방식으로 1000년간의 지구 평균 기온 변화를 분석했고, 중세 온난기와 이후 소빙하기의 평균 기온 변화보다도 더 빠른 속도로 약 100여 년 전부터 오늘날까지 평균 기온이 급등하고 있다는 결론을 내렸다. 그래프 모양이 마치 하키 스틱처럼 급격히 구부러져 올라가 '하키 스틱 그래프'로 알려져 있으며, 즉 산업화 이후 인위적 기후 변화가 자연적 기후 변동성 범위를 벗어났다는 뜻이다. 오늘날에는 여러 관측 증거 외에도 다양한 기후 모델 분석까지 더해져 중세 온난기에 온도가 높았던 지역이 유라시아와 북극, 그린란드 남쪽의 바다, 북미 동부 정도로 국한되며 다른 지역은 온도가 그리 높지 않았음이 밝혀졌다. 하키 스틱 그래프를 통해 인위적 기후변화 문제의 본질은 오늘날의 높은 기온 그 자체보다 바로 전례 없는 속도와 상승 폭이라는 사실을 알게 된 것이다.

04

기후변화는
언제부터 나타났을까?

인간 활동으로 말미암아 대기 중 온실가스 농도가 증가하기 시작한 산업혁명 훨씬 이전부터 오랜 지구의 역사에서 기후가 변화해 왔음을 확인할 수 있다. 대표적인 것이 바로 빙하기와 간빙기이다. 그러나 오늘날의 인위적인 기후변화는 전례 없는 속도와 상승 폭을 보이므로 여러 지질 시대를 거치며 교대로 그리고 서서히 나타난 자연적 기후 변동성과는 완전히 다르다.

우선 1958년부터 하와이 마우나로아 관측소(Mauna Loa Observatory)에서 정밀하게 측정한 대기 중 이산화탄소 농도를 보면, 매년 북반구 여름철에 낮아지고(8~9월 극소) 겨울철에 높아지는(4~5월 극대) 1년 주기의 계절 변동은 있었으나 당시 320ppm[5] 이하 수준을 유지했다. 그러나 측정을 시작한 이후로 장기 상승 추세는 단 한 번도 꺾이지 않고 지속적으로 이어져 최근에는 410ppm을 넘어섰다. 대기 중 이산화탄소 증가 곡선은 관측 프로그램을 최초로 주도한 미국 스크립스 해양연구소(Scripps Institution of Oceanography) 찰스 데이비드 킬링(Charles David Keeling) 박사의 이름을 따서 '킬링 곡선(Keeling Curve)'이라 부른다. 킬링 박사가 세상을 떠난 2005년 이후로도 그의 아들이자 스크립스 해양연구소의 이산화탄소 프로그램 책임자인 랠프 프랭클린 킬링(Ralph Franklin Keeling)이 마우나로아 관측소와 세계 곳곳의 다른 관측소에서 대기 중 이산화탄소 및 산소 농도를 측정 중이다. 2021년 현재 414ppm 수준까지 도달했는데, 과학자들은 450ppm에 이르면 회복 불가능한 기후변화가 초래될 것이라 우려하고 있다. 이산화탄소와 같은 온실가스 농도의 증감은 지구 평균 기온의 증감과 밀접히 연관되어 있으므로 마우나로아 관측소에서 측정을 시작하기 전부터 이미 이산화탄소 농도와 지구 평균 기온이 함께 증가하는, 즉 인위적인 기후변화가 시작되었다고 볼 수 있다.

지구의 평균 기온과 대기 중 이산화탄소 농도를 정밀하게 측정

....
5   백만분율, 즉 part per million을 의미한다. 즉 320ppm은 0.00032, 백분율로는 0.032%에 해당한다.

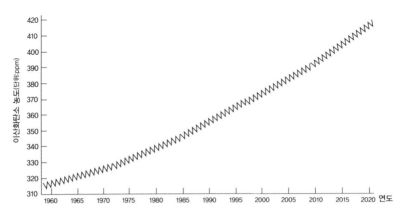

1950년대 이후 2020년 12월 28일까지 하와이 마우나로아 관측소에서 지속적으로 측정된 대기 중 이산화탄소 농도 변화 시계열 그래프. (The Keeling Curve, https://keelingcurve.ucsd.edu/)

하기 전의 이산화탄소 농도는 나무의 나이테, 산호초, 빙하 코어 등을 분석해 알 수 있었다. 과거 2천 년간의 지구 평균 기온을 분석한 결과를 보면, 하키 스틱 그래프가 보여주듯 **소빙하기** 이후 산업혁명으로 온실가스 배출이 빠르게 증가하기 시작한 약 100여 년 전부터 기온과 이산화탄소 농도가 모두 급등하고 있다. 즉 산업화 후 20세기부터 인위적인 기후변화가 본격화되면서 21세기인 오늘날에는 자연적 기후 변동성 범위를 넘어 회복 불가능한 수준으로 치닫고 있는 것이다. 남극 보스토크(Vostok) 빙하 코어 데이터를 분석해 얻은 과거 35만 년간의 변화를 살펴보면, 빙하기와 간빙기 순환에 맞게 남극 기온과 대기 중 이산화탄소 농도가 매우 밀접하게 연관되어 변동해 왔음을 알 수 있다. 특히 400ppm을 훌쩍 넘어 버린

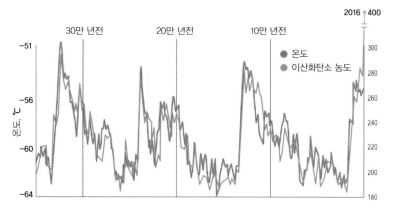

 위에 표시된 텍스트:

2016 ● 400

30만 년전   20만 년전   10만 년전

● 온도
● 이산화탄소 농도

남극 빙하 코어로부터 추정한 과거 35만 년 동안의 이산화탄소 농도와 온도 변화 시계열 그래프. (미해양대기청 제공 수정)

최근의 이산화탄소 농도는 과거 35만 년 동안 전례가 없었던 수치임을 보여준다. 지구의 역사에서 자연적 기후 변동성을 통해 빙하기와 간빙기가 교대로 찾아왔고, 마지막 빙하기 이후 지질학적으로 가장 최근이라 할 수 있는 홀로세(Holocene)6에는 기후가 따뜻해지며 인류가 농경을 시작하고 문명도 이룰 수 있었던 것이다. 하지만 최근 100여 년 동안 모든 권위로부터 해방되며 전례 없는 자유를 누리게 된 인류가 만들어 낸 인위적 기후변화는 인류의 생존을 위

····

6   신생대 제4기의 두 번째 시기로 약 1만 년 전부터 현재(혹은 가까운 미래)까지의 지질 시대를 의미한다. 충적세 또는 현세라고도 부르며, 플라이스토세 직후에 이어지는 시기로 빙하기가 끝나고 전 지구적으로 온난화되었다고 알려져 있다. 그러나 산업혁명 이후 인류가 지구 환경에 큰 영향을 미친 최근에는 인류세(Anthropocene)라는 별도의 지질 시대로 구분해야 한다는 논란이 생기며 홀로세의 절멸을 고려하게 되었다.

협할 만큼 돌이킬 수 없는 수준에 가까워지고 있다. 이제는 아예 홀로세가 끝나고 **인류세**(Anthropocene)라는 새로운 지질 시대로 구분할 시기라는 주장까지 힘을 얻고 있다.

× 05 ×
기후변화는
왜 일어날까?

과학자들은 오랜 지구의 역사에서 자연적 기후 변동성을 조사한 연구 결과를 통해 기후변화에 다양한 원인이 있음을 알아냈다. 태양 활동이나 지구 공전 궤도의 변화부터 화산 폭발과 지구 내부의 해양 순환에 이르기까지 여러 원인 때문에 기후는 오랜 기간 변화를 겪었으며 앞으로도 겪을 것으로 보인다. 우선 지구로 들어오는 에너지의 근원이라 할 수 있는 태양복사에너지의 유입량은 매우 미세한 변동을 보이는데, 최근 100여 년간 매우 안정적이었던 것과 달리 과거 빙하기에는 이보다 훨씬 낮았고 간빙기에는 다시 높아졌다. 다시 말해 지구 내부의 기후 시스템이 전혀 작동하지 않아도 태

기후의 정의

양 활동만으로 지구의 기후가 달라질 수 있는 것이다.

또 지구의 공전 주기, 황도면에 대한 지구 자전축 변동7, 지축 세차 운동8, 지구 공전 궤도 이심률 변동9과 같은 다양한 지구 자체 운동의 주기에 따라 태양복사에너지 유입량이 달라지며 빙하기와 간빙기라는 자연적 기후 변동성을 초래한다는 이론이 있다. 처음 이 이론을 제시한 밀란코비치(Milankovitch)의 이름을 따서 '**밀란코비치 이론**'이라 하는데, 이후 많은 연구자들에 의해 더욱 발전되었으며 비록 여러 문제점이 남아 있으나, 관측된 과거 장기간의 자연적 기후 변동성을 비교적 잘 설명하는 이론으로 오늘날 학계에서 인정받고 있다. 또 바닷물의 움직임, 즉 해양 순환이 바뀌어 기후가 변화한다는 이론도 있고, 화산 폭발로 화산재에 포함된 이산화황 성분이 태양복사에너지를 차단해 기후를 변화시킨다는 연구 결과도 제시되었다.

그러나 이 질문을 '자연적 기후 변동성'이 아니라 인간 활동의 영향으로 나타나는 오늘날의 '인위적인 기후변화'의 원인으로 구체화하면, 주저 없이 온실가스 배출량 증가라고 답할 수 있을 것이다. 대기 중 온실가스는 산업혁명 이후 줄곧 증가했으며 **온실효과**

....

7   현재 23.44도 기울어 있으나 41,000년 주기로 21.5도에서 24.5 사이의 범위에서 변동하는 것으로 알려져 있다.

8   약 26,000년 주기를 가지는 것으로 알려져 있다.

9   23,000년 주기를 가지는 것으로 알려져 있다.

(greenhouse effect)로 알려진 지구복사에너지의 차단을 통해 지구온난화를 일으키고 있다. 온실가스가 빙하를 녹이고 해수면을 상승시키는 등 전반적인 지구 환경 변화를 일으키고 인간을 포함한 지구 생태계에 큰 위협이 되고 있음을 부정하는 사람은 이제 거의 없다. 과거에는 지구온난화의 진위 여부가 논쟁거리가 되기도 했으나, 과학계에서는 이미 논쟁이 끝난 지 오래다. 모든 과학자가 동일하게 생각한다는 뜻은 아니다. 그러나 과학의 속성상 대다수 과학자가 동의하는 인간 활동에 의한 인위적인 지구온난화나 기후변화와 같은 패러다임은 과학적 사실로 받아들여야 한다. 일부 쟁점이 여전히 남아 있고 기후변화 회의론자들이 존재한다고 해서 마치 오늘날까지 과학자들이 반으로 나뉘어 치열한 논쟁을 벌이는 것처럼 오인해서는 곤란하다. 오늘날 전 세계 97%의 과학자들은 인위적 기후변화를 부인하지 않는다. 세계 각국 수백, 수천 명의 과학자들은 자발적으로 수천, 수만 편의 연구 결과들을 인용하며 수개월에 걸쳐 작성하고 서로 검토, 검증, 수정, 보완해 가며 '**기후변화에 관한 정부간 패널**(Intergovernmental Panel on Climate Change, IPCC)'을 통해 인위적 기후변화에 대한 진단평가 보고서와 특별 보고서를 발간하고 있다. 기후변화로 인한 위협을 평가하고 국제적으로 대응하기 위해 1988년에 설립된 IPCC는 2007년에 발간한 제4차 기후변화

진단평가 보고서[10]에서 "인류의 활동으로 발생한 지구 온실가스 배출량은 산업화 이전부터 증가해 왔으며, 1974년부터 2004년 사이에 70%나 증가했다."라고 표현했다. 2014년에 발간한 제5차 기후변화 진단평가 보고서에서는 이를 더욱 분명히 하며, "인간의 활동이 1951년부터 2010년까지 관측된 기온 상승의 절반 이상을 야기했을 가능성이 지극히 높다."라고 표현했다. 참고로 IPCC 보고서는 발간 전 각국 정부와 과학자의 검토를 거치며, 그 이유는 내용 중에 조금이라도 편향되거나 과장되는 부분이 없도록 하기 위해서다.

× 06 ×

지구온난화만
기후변화일까?

지구온난화(global warming)란 19세기 후반부터 시작된 전반적인 기온 상승을 뜻한다. 실제로 21세기 초부터 20년 동안은 1980년대 이전에 비해 지구 표면의 평균 온도가 약 1도 정도 상승했다. 대부분의 과학자들은 인간 활동에 의해 온실가스 배출량이 증가했으며 이에 따라 자연적 기후 변동성의 범위를 넘어 인위적인 기후변화와 함께 지구온난화가 빠르게 발생하고 있음을 더 이상 부정하지 않는다. 물론 인류의 노력 여하에 따라 달라질 수 있지만, 다양한 기후모델로 전망되는 미래 시나리오를 보면 정도의 차이가 있을 뿐 당분간 지구온난화 추세를 되돌리기란 불가능에 가까워 보인다. 과학자들은 인류가 현재와 같은 방식으로 온실가스를 배출하면 1도가 아니라 1.5도 그리고 2도 상승이라는 돌이킬 수 없는 수준의 지구온난화가 발생할 것이라 우려하고 있다. 따라서 세계 각국은 현재 빠르게 저탄소 및 탈탄소 사회로의 전환을 모색 중이며 과거의 경제 발전 방식에서 지속 가능한 발전 방식으로 시급하게 탈바꿈하고 있다. 특히 코로나19 팬데믹과 전례 없는 극심한 기후재난을 겪으면서, 2020년부터 인류의 경제 활동 방식에 예의주시할 만한 대전환의 움직임이 나타나고 있다. 지구온난화 수준을 1.5도 이하로 낮춰 인류의 공멸을 피하기 위한 대대적인 노력이 진행되고 있다는 의미이다. 그런데 과연 기후변화가 단지 지구온난화만 일으킬까?

인위적 기후변화로 급격한 지구온난화가 발생하는 것과 무관하게 오랜 지구의 역사에서 태양 활동, 지구 공전 궤도, 지구 내부의 해양 순환 등의 변화에 따라 자연적 기후 변동성이 있어 왔다. 지구온난화가 아니라 지구냉각화로 빙하기가 찾아오기도 했는데, 특히 상대적으로 유럽 등의 지역이 따뜻했던 **중세 온난기** 이후 찾아왔던 **소빙하기**는 대표적인 지구냉각화의 예다. 자연적 기후 변동성이나 인류 활동에 의한 인위적인 기후변화나 모두 마찬가지이지만 지구온난화 또는 지구냉각화로 표현되는 현상이 단순히 지구 평균 기온의 오르내림만을 의미하는 것은 아니다. 지구 평균 기온 변화는 다양한 지구 환경 전반의 변화를 보여주는 하나의 지표에 불과

할 뿐이기 때문이다. 지구 평균 온도가 약 1도 상승한 것은 기후변화라는 문제뿐만 아니라, 고산 지대의 만년설, 영구 동토층[11], 그린란드와 남극 대륙의 거대한 빙상, 북극 해빙 등 지구상의 얼음이 빠르게 사라지는 변화와 전 세계 바다의 평균 해수면이 오르는 변화, 전 지구적인 물 순환 변화에 따라 강수 패턴 등 전반적인 지구 환경이 변화하고 있음을 나타낸다. 이러한 변화는 가뭄, 폭염(혹서 또는 무더위), 폭우, 폭설(대설), 한파(혹한)와 같은 기상 이변과 극한 기후는 물론이고 산불, 홍수, 산사태, 태풍, 해일 등 각종 자연재해 특성도 변화시킨다. 아울러 생태계 전반에 변화가 생겨 지구상 동식물의 생존이 위협받고 생물 다양성이 훼손되므로, 결국 인류도 전례 없는 환경 변화에 빠르게 적응하지 못하면 살아남기 어려울 중대한 위기에 처하고 만다. 이미 지구촌 곳곳에서 심각한 기후재난으로 농업 수확량에 차질이 생기고 대규모 난민이 발생하고 있다. 이처럼 기후변화는 인류의 생존을 위협하는 극심한 지구 환경 전반의 변화를 의미하며, 각종 경제사회적 문제를 일으키는 인류 최대의 위협 요소인 것이다.

••••
11 토양 온도가 물의 어는점(섭씨 0도, 화씨 32도) 이하로 유지되는 토양을 의미한다. 대부분의 영구 동토(permafrost)는 북극이나 남극에 가까운 고위도 지역에 있으나 저위도 지역에서도 높은 고도에서는 영구 동토(고산 영구 동토)가 나타난다. 지구상 물의 0.022%는 영구 동토 형태로 존재하는데, 북반구의 경우 노출된 토양의 10~20%가 영구 동토이다. 오래된 유기탄소 퇴적물을 함유하고 있어 녹아서 대기 중으로 이산화탄소와 메탄가스가 분출되면 지구온난화를 증폭시킬 우려가 있다.

기후의 정의

PART 2 기후와 기후변화

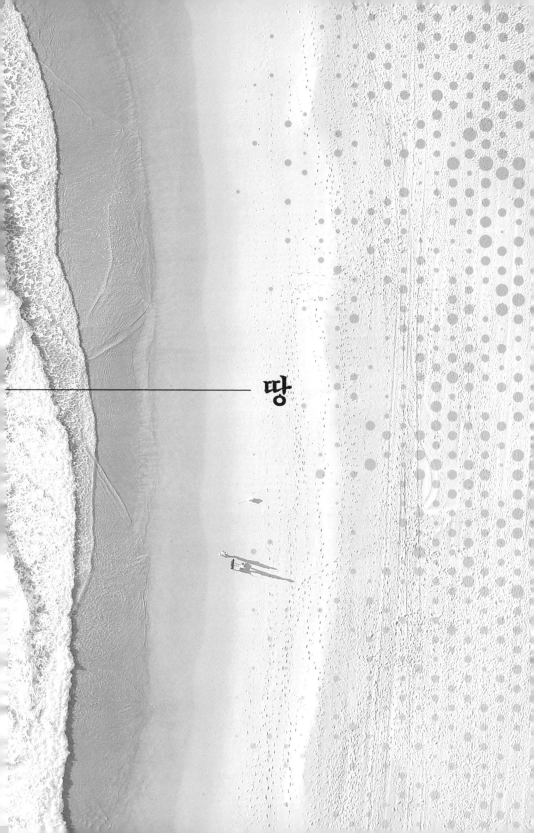

땅

우리나라에서 가장 추운 지역과
가장 더운 지역은?

우리나라가 위치한 한반도는 함경도 북쪽 끝이 북위 43도, 남쪽 끝이 북위 33도로 중위도에 위치하며, 평균적으로 태양복사에너지의 공급이 지구복사에너지 손실보다 좀 더 커서 사람이 살기 좋은 온대 기후에 속한다. 중부 산간, 도서 지방을 제외하고, 평지의 경우 연평균 기온은 섭씨 10~15도이며 8월 평균 기온은 23~26도, 1월 평균 기온은 영하 6도에서 영상 3도 범위로 알려져 있다[12]. 그러나 동아시아 몬순(계절풍)의 영향을 받는데 여름에는 남쪽의 다습한 해

....
12   출처: 기상청 날씨누리, 도서 지역을 제외한 내륙 45개 대표 지점의 1981~2010년 평년값 기준.

양성 기단의 영향으로 기온과 습도가 높고 강수량이 증가하며, 겨울에는 북쪽의 건조한 대륙성 기단의 영향으로 기온과 습도가 낮고 강수량이 감소하는 등 계절성이 뚜렷하다. 특히 내륙 안쪽 지역에서는 여름과 겨울의 차이가 심한 대륙성 기후가 나타난다. 개마고원 일대, 특히 개마고원 북쪽에 위치한 중강진은 영하 43도를 기록(1933년 1월 12일)할 정도로 추운 지역으로 알려져 있다. 고도에 따라 기온이 낮아지기 때문에 당연히 평지보다 고도가 높은 산간 지방에 추운 지역이 많다. 헌법상 우리나라에서 가장 추운 지역은 개마고원이지만, 분단 후 70년이 지나며 생각의 범위도 휴전선 이남으로 제한되다 보니 흔히 우리나라에서 가장 추운 지역이라 하면 남한에서 추운 지역부터 떠올릴 수밖에 없다. 그렇다면 휴전선 이남에서 가장 추운 지역은 과연 어디일까?

내륙 분지인 춘천이 복사 냉각이 심해져 순간적으로 영하 28도를 기록한 적이 있긴 하지만, 평균적으로 강원도 **철원과 대관령 일대**를 가장 추운 지역으로 꼽는다. 겨울철 평균 기온이 영하 6~8도에 이르며, 가까운 강원도 홍천은 최저기온 영하 28.1도, 최고기온 41도로 69.1도의 기온차가 나타날 정도로 혹서(폭염) 혹한(한파) 지역으로 악명이 높다. 하지만 실제 기온과 우리가 느끼는 체감온도는 조금 다른데, 체감온도는 기온만이 아니라 일사, 풍속, 습도 등 여러 기상 요인의 영향을 받기 때문이다. 특히 풍속이 강하면 피부의 열 손실이 증가하면서 같은 기온에서도 체온이 크게 떨어지므로 훨씬 더 춥게 느껴진다. 강풍이 부는 대관령은 풍속 등을 고려한 체감온도가 영하 10도 아래로 내려간 날이 연중 30일이 넘는 등 체감온도 기준으로도 가장 추운 지역이라 할 만하며 철원, 태백, 추풍령, 제천, 정선, 인제 순으로 체감온도가 낮은 연중 일수가 감소한다. 태백산맥과 소백산맥이 이어지는 곳에 위치한 경북 봉화군은 '남부 지방의 철원'으로 불리며 계절에 관계없이 일 년 내내 추운 곳으로 알려져 있는데, 2012년 2월 3일에는 영하 27.7도를 기록하기도 했다.

그럼 반대로 가장 더운 지역은 어디일까? 아프리카만큼 덥다는 의미로 '대프리카'라는 별칭까지 얻은 대구는 단연 우리나라에서 가장 더운 곳이라 할 만하다. 비록 평균 기온이 그리 높지는 않지만 열대일[13] 수가 55일이 넘을 정도로 압도적으로 더운 날이 많다. 비록 강원도 홍천에서 2018년 8월 1일에 40.1도를 기록하면서 대구의 기록이 깨졌지만, 1942년 8월 1일에 대구에서 기록된 섭씨 40도는 오랜 기간 깨지지 않던 최고 기온 기록이었다. 2018년은 우리나라 전역에 폭염이 극심했는데, 홍천을 비롯한 강원도 대부분 지역에서 열대야[14]가 나타났고 서울도 39.6도로 1907년 근대 기상

....

13   과거 1971년부터 2000년 기간의 평균 열대일(일 최고 낮 기온이 30도 이상인 연중 일수) 기준이다.

14   오후 6시부터 다음 날 오전 9시 최저 기온이 25도 이상인 날을 의미한다.

관측을 시작한 이래 111년 만에 역대 최고기온을 기록했다. 이처럼 기후변화로 말미암아 대구만의 특별함이 점점 사라지는 듯하다. 최근에는 기후변화에 지형적인 영향까지 겹치면서 서울과 수도권에서도 대구처럼 매우 높은 기온이 나타나는 폭염이 발생하기도 한다. 폭염 일수15도 타 지역 대도시와 비교할 때 대구가 압도적으로 많았던 과거와 달리, 최근에는 합천, 영천, 전주 지역의 폭염 일수가 더 많았으며, 열대야일수도 강릉, 서울, 광주, 부산 지역에서 더 많아지고 있다.

폭염이 극심했던 2018년의 인구 1만 명당 온열 질환자 발생률을 살펴보면 뜻밖에도 대구가 0.49명으로 전국 최저치를 기록했다. 전통적으로 워낙 더운 지역이라 그만큼 폭염 대비도가 높아 피해가 오히려 적었다고 볼 수 있다. 원래 그 지역에서 잘 적응되어 있는 기후와 전혀 다른 이상기후를 접할 때에 재해가 재앙 수준으로 심각해지는데, 일반적으로 혹서나 폭염은 추운 지방에서, 혹한이나 한파는 더운 지방에서 그 피해 규모가 큰 편이다. 일례로 대만에서는 한파 피해가, 러시아에서는 폭염 피해가 크다.

대프리카라고는 하지만 사실 아프리카 주요 도시 가운데 대구보다 기온이 높은 곳은 많지 않다. 북위 5도에서 남위 13도의 저위도

••••
15   일 최고기온이 33도 이상인 연중 일수를 의미한다.

에 위치해 적도가 관통하는 콩고민주공화국에서도 가장 덥다고 하는 수도 킨샤사조차 한여름 기온이 33도를 잘 넘지 않는다. 아프리카 대부분의 도시보다도 대구가 더 더운 셈이다. 다만 대구는 기후변화 이전부터 우리나라에서 가장 더운 지역이었던 터라 폭염에 대한 대비도가 높은 반면, 기후변화로 최근에 더운 지역으로 바뀌고 있는 국내 타 지역 대도시들은 오히려 폭염에 더 취약하다고 할 수 있다.

대구가 더운 원인은 지형적인 이유 때문이다. 태백산맥과 소백산맥이 둘러싸고 있어서 해안에서 불어오는 시원한 바람(해풍)을 차단하고, 분지 지형의 특성 때문에 푄 현상이 나타나 하강기류를 타고 고온 건조한 대기가 도시로 유입된다. 여름에 습도가 워낙 높아 푄 현상으로 건조해지는 효과가 크지 않기 때문에 결국 높은 습도를 유지한 채 기온만 오른다. 최근 기후변화로 폭염이 심해지며 대구 외에도 주요 도시 대부분이 아프리카 도시들보다도 더 높은 기온을 기록하고 있는데, 높은 습도와 지형이 원인이라 할 수 있다. 한반도는 바다로 둘러싸인 데다 여름에 남쪽의 해양성 기단의 영향을 받아 기온과 습도가 전반적으로 올라가는데, 높은 습도가 열을 가두어 기온은 물론이고 체감온도도 더 높아지는 특성이 있다. 또 국토의 70%가 산악 지형이라 대구처럼 푄 현상으로 말미암아 산을 넘어 하강하는 기류에 의해 고온의 대기가 지상으로 유입되기 쉽다.

좁은 국토에 도시들이 밀집되며 도시화 비율도 높은 데다 아스팔트와 같은 포장도로, 고층 건물, 자동차, 산업시설 등으로 인한 도시 열섬 현상까지 더해져 무더운 여름철 전국 대부분의 주요 대도시에서 기온이 더욱 높아지고 있다.

세계에서 가장 추운 곳과
가장 더운 곳은?

우리나라에서 가장 추운 곳과 가장 더운 곳이 내륙 지방에 있는 것처럼 세계에서 가장 추운 곳과 가장 더운 곳도 해안에서 멀리 떨어진 대륙 한복판의 내륙 지방에 있다. 일차적인 원인은 땅의 비열16이 바다의 비열보다 작아 빠르게 가열되고 빠르게 냉각되는 대륙성 기후의 영향이 크다 보니 기온의 일교차와 연교차 등이 크기 때문이다. 남극 대륙 두꺼운 얼음(빙상이라 함) 위의 아문센-스콧 기지(해발 2,800m)에서는 월동 관측대가 영하 74.5도까지 기록한 적이 있고,

....
16 비열이란 1kg의 물질의 온도를 섭씨 1도 올리기 위해 필요한 열에너지양을 의미하는데, 모래의
    비열은 물의 비열보다 크게 작아 5분의 1 수준에 해당한다.

러시아의 남극 기지인 보스토크 기지(해발 3,488m)에서는 영하 88.3도가 관측되기 했다. 하지만 남극 대륙을 제외하면 러시아 시베리아 동부의 오이먀콘(영어: Oymyakon, 러시아어:Оймякóн, 야쿠트어:Өймөкөөн)이 세계에서 사람이 거주하는 곳 중 가장 추운 곳으로 알려져 있다. 이곳은 러시아의 사하공화국(야쿠티아 공화국) 오이먀콘스키 지역에 있는 인구 500명 정도의 작은 마을로, 해발 고도는 750m에 불과하지만 북극에서 남하하는 차가운 대기에 의해 겨울철에 기온이 영하 71도 아래로 떨어진 기록도 있어 남극을 제외한 세계의 한극(寒極)으로 불린다[17].

우리나라에서 그리 멀지 않은 곳에 위치한 이 마을은 1월 중 일조 시간이 30시간도 되지 않을 정도로 짧으며, 12월과 1월 일평균 기온은 영하 46도에 달하고 연평균 기온도 영하 16도이다. 그러나 겨울과 달리 여름에는 영상 30도를 넘는 기온을 기록하며 대륙성 기후의 특징을 잘 보여준다. 대륙성 기후로 인해 해안 지역보다 일교차와 연교차가 월등히 큰데, 겨울철 우리나라에도 영향을 미치는 시베리아 고기압의 영향을 직접적으로 받기 때문이다. 시베리아 고기압에 의해 상공의 차가운 대기(흔히 북극에서부터 남하하는 차가운 대기로 알려져 있음)가 지상으로 내려오므로 기온이 매우 낮아진다. 또 다른 원

• • • •
17   위키피디아, 오이먀콘, https://en.wikipedia.org/wiki/Oymyakon

인으로는 지형적인 특징을 꼽을 수 있다. 상대적으로 해안가 지역은 따뜻한 바다에서 불어오는 바람(해풍)이 추위를 녹여 주곤 한다. 그러나 오이먀콘은 해발 고도 2000m의 높은 산맥들로 둘러싸여 따뜻한 대기가 유입되기 힘들고 매우 차가운 북극발 대기만 내려와 겨울철 추위가 좀처럼 회복되기 어렵다. 겨울철에 일조 시간이 짧은 것도 원인 중 하나이다. 태양복사에너지의 공급이 차단되어 대기의 가열을 막으면서 차가운 지표로부터의 복사 냉각은 지속되니 기온이 낮아질 수밖에 없다.

그럼 반대로 세계에서 가장 더운 곳은 어디일까? 여러 매체에서 세계에서 가장 더운 10대 혹서 지역을 종종 소개하는데, 모래 표면 온도가 무려 섭씨 70도를 넘은 적이 있는 이란의 루트 사막(Lut Desert)을 비롯한 중동 지역과 사하라 사막 등 **북아프리카 지역**이 빠지지 않는다. 북아프리카 이집트의 수도 카이로 주변 지역에서는 평균 기온이 줄곧 40도를 넘으며, 중동 지역 이라크의 수도 바그다드에서도 기온이 종종 50도를 넘는다. 모두 해안에서 멀리 떨어진 내륙에 위치해 사막 기후를 보이는 지역으로 낮과 밤의 일교차가 극심해 낮잠이 건강 유지에 필수적이며, 수분이 많이 발산되는 만큼 물을 충분히 마셔야 한다. 이처럼 무더운 중동 지역, 그중에서도 루트 사막은 땅의 온도, 지온으로 볼 때 세계에서 가장 더운 곳이다. 인간이 견딜 수 있는 한계 기온이 52도 정도이므로 이곳에 사람이 살지 않는 것은 어쩌면 당연한 일인지도 모른다. 루트 사막에서는 뚜껑이 없는 병에 우유를 담아 두어도 상하지 않는다는 실험 결과가 소개될 정도이니 너무 더워서 박테리아마저 살기 어렵다는 것을 알 수 있다.

또 중동과 북아프리카는 아니지만 미국 캘리포니아주 동부에 위치한 사막인 데스밸리(Death Valley) 국립공원도 평균 기온이 46~47도, 최고기온이 56도를 넘은 적 있는 가장 더운 곳으로 꼽는다. 데스밸리는 한낮에 지온이 90도가 넘을 정도로 기온에 비해 지온이 월등히 높은 곳이다. 그 밖에도 중국의 신장 위구르 자치구에 위치한 투르판(Tulufán) 지역, 호주 퀸즐랜드(Queensland) 지역, 리비아의 엘 아지지아(El Aziziya) 등도 세계에서 가장 더운 곳으로 꼽는다. 투르판은 여름철 평균 기온이 40도에 가깝고 최고기온은 66도를 넘으며, 퀸즐랜드와 엘 아지지아는 각각 69.4도와 58도의 최고기온을 기록하기도 했다. 단, 엘 아지지아에서 1922년에 기록된 58도는 2012년 기상학자들의 조사 결과, 오류로 알려졌다. 그러나 여름철 기온이 48도를 웃도는 이곳도 여전히 세계에서 가장 더운 곳 가운데 하나라 할 만하다.

루트 사막의 루트는 페르시아어로 물이 없고 식물이 자라지 않는 척박한 땅을 의미한다. 실제로 루트 사막은 높은 산으로 둘러싸인 분지에 위치하며 강수량이 적고 기온이 높아 매우 건조한 대륙

사람이 거주하는 가장 추운 지역인 오이먀콘 모습.

성 기후를 보인다. 분지 지형의 특성 때문에 푄 현상이 나타나 고온 건조한 대기가 산 아래의 사막으로 불어 들어온다. 또 워낙 건조해서 소금 호수가 말라붙어 사막이 생긴 것으로 알려져 있는데, 검은색을 띠는 현무암까지 많아 태양복사에너지를 더 잘 흡수하기 때문에 지온이 오르기 매우 쉬운 조건을 가지고 있다. 태양복사에너지는 하얗게 덮인 눈에 잘 반사되는 반면에 현무암처럼 검은 표면에는 잘 흡수되는 특성이 있다. 쉽게 가열된 지표로부터 복사되는 에너지가 루트 사막의 기온을 상승시켜 세계에서 가장 더운 곳을 만든 것이다. 게다가 모래는 물보다 비열이 월등히 작아서 똑같은 양의 태양복사에너지를 흡수해도 온도가 훨씬 더 쉽게 오르기 때문에 매우 건조하고 모래로 덮인 사막은 기온이 쉽게 올라갈 수밖에 없다. 반대로 냉각도 쉽게 일어나므로 밤에는 10도 혹은 그 아래로도 기온이 떨어져서 일교차가 무려 60도에 달하는 척박한 환경이 된다. 생물이 살기 어려워 보이는 이 극단적 환경에서도 나름대로 적응해 살아가는 동식물이 있다고 하니 그야말로 놀라운 일이 아닐 수 없다.

지구에는
어떤 기후대가 있을까?

세계에서 추운 곳과 가장 더운 곳의 기온 차이가 수십 도에 달할 정도로 지구에는 다양한 기후가 나타나는데, 그럼 과연 지구에서는 어떤 기후를 볼 수 있는 것일까? 독일의 기후학자 블라디미르 쾨펜(Wladimir Peter Köppen)은 극지방의 한대 기후와 적도 지방의 열대 기후로 기후를 구분하고, 이를 더 세분해 한대보다 덜 추운 아한대 기후와 열대보다 덜 더운 아열대 기후까지 4종의 기후대로 지구상 존재하는 기후를 분류했다. 혹은 열대, 온대, 냉대, 한대의 4종으로 분류하기도 한다. 이렇게 분류하면 한반도는 아열대 기후대와 아한대 기후대의 경계에 놓여 있는 셈이다. 그러나 대표적인 기후 인자인 기온과 강수량 외에도 종종 식생 분포를 고려해 열대 우림 기후, 열대 사바나 기후, 스텝 기후, 몬순 기후, 툰드라 기후, 대륙 기후, 해양 기후, 온대 기후, 사막 기후 등 10여 종의 기후대를 구분하는 등 지구상에는 다양한 기후가 존재한다.

독일의 기상학자 루돌프 가이어는 쾨펜의 기후 분류를 수정해 **쾨펜-가이어 기후 구분**을 완성했는데 크게 기온을 기준으로 열대 기후(A), 건조 기후(B), 온대 기후(C), 냉대 기후(D), 한대 기후(E)로 나누고, 이를 다시 계절적인 강수 특성 등을 기준으로 세분해 총 15개의 기후대로 분류하기도 했다[18].

기본 기후대		세부 기후대	표기	특징
A	열대 기후	열대 우림 기후	Af	건조기 없음
		열대 몬순 기후	Am	짧은 건조기
		열대 사바나 기후	Aw	동계 건조
		열대 하계소우 기후	As	하계 건조
B	건조 기후	사막 기후	BWh	온난 사막
			BWk	한랭 사막
		스텝 기후	BSh	온난 스텝
			BSk	한랭 스텝

••••
18   Aguado, E. (2005), 김경익 옮김, 생활 환경과 기상, 동화기술교역, 496pp.

기후와 기후변화 - 땅

C	온대 기후	온난 습윤 기후	Cfa	더운 여름, 건조기 없음
		서안 해양성 기후	Cfb	연중 온난, 건조기 없음, 따뜻한 여름
			Cfc	연중 서늘, 건조기 없음, 선선한 여름
		온대 하우 기후	Cwa	더운 여름, 짧은 겨울 건조기
			Cwb	따뜻한 여름, 짧은 겨울 건조기
			Cwc	선선한 여름, 짧은 겨울 건조기
		지중해성 기후	Csa	건조하고 더운 여름
			Csb	건조하고 따뜻한 여름
			Csc	건조하고 신선한 여름
D	냉대 기후	냉대 습윤 기후	Dfa	동계 한랭, 더운 여름, 건조기 없음
			Dfb	동계 한랭, 따뜻한 여름, 건조기 없음
			Dfc	동계 한랭, 선선한 여름, 건조기 없음
			Dfd	동계 한랭 극심, 선선한 여름, 건조기 없음
		냉대 동계 소우 기후	Dwa	동계 한랭 건조, 더운 여름
			Dwb	동계 한랭 건조, 따뜻한 여름
			Dwc	동계 한랭 건조, 선선한 여름
			Dwd	동계 한랭 극심 건조, 선선한 여름
		고지 지중해성 기후	Dsa	동계 한랭, 덥고 건조한 여름
			Dsb	동계 한랭, 따뜻하고 건조한 여름
			Dsc	동계 한랭, 선선하고 건조한 여름
			Dsd	동계 한랭 극심, 선선하고 건조한 여름
E	한대 기후	툰드라 기후	ET	여름이 없음
		빙설 기후	EF	영구 동토

쾨펜-가이어 기후 분류는 세계 각지의 기후를 일목요연하게 단순화해 보여주는 장점이 있지만, 실제 체감하는 기후와는 다소 다를 수 있다. 이 구분에 따르면 우리나라가 위치한 한반도에서는 온대 기후(C)와 냉대 기후(D)가 모두 나타난다. 세분된 구분에서는 겨울에 춥고 건조한 냉대 동계 소우 기후(서울, 평창 등), 겨울에 춥고 여름에 더우며 건조기가 없는 냉대 습윤 기후(영동 지역과 서해안 일부), 그리고 여름에 덥고 건조기가 없는 온난 습윤 기후(남해안 일대)가 나타난다고 볼 수 있다. 기후 변화에 따라 온난 습윤 기후와 같은 온대 기후 영역은 앞으로 더 늘어나고 냉대 기후 영역은 줄어들 것임을 알 수 있다.

흔히 온대와 열대 사이에 열대만큼은 아니지만 열대에 가까운 기후를 보인다는 뜻으로 아열대 기후라는 표현도 사용한다. 아열대 기후에서는 온대 기후처럼 사계절의 변화를 볼 수 없고 고온기와 저온기의 구분만 가능하며 기온의 연교차가 매우 크다. 즉 더운 여름과 추운 겨울만 존재한다. 쾨펜의 기후 분류에는 아열대 기후를 따로 구분하지 않았는데, 같은 아열대 기후라고 해도 지역에 따라 덥고 건조한 지역이 있는 반면 습윤한 지역도 있고 계절에 따라 차이를 보이는 지역도 있기 때문이다. 예컨대 유라시아 대륙과 아메리카 대륙 한가운데의 내륙 지역에서는 아열대 위도대에서 발생하는 고기압의 영향으로 전반적으로 강수량이 적고 건조한 특성이

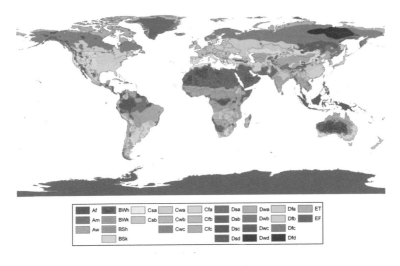

쾨펜-가이어 기후 구분 지도. (Peel et al., 2007 수정)

나타나지만, 우리나라가 위치한 동아시아를 비롯해 각 대륙의 동부 지역에서는 계절풍(몬순)과 열대성 저기압(태풍 등)의 영향으로 습윤한 특성을 보인다.

10

한국에서도 커피나무를 키우고
와인을 생산할 수 있을까?

흔히 하와이안 코나(Hawaiian Kona), 자메이카 블루 마운틴(Jamaica Blue Mountain), 예멘 모카 마타리(Yemen Mocha Mattari)를 세계 3대 커피로 꼽는다. 하와이안 코나 커피는 백악관 공식 만찬에서 나오는 커피로 알려져 있고, 자메이카 블루 마운틴 커피는 진상을 알 수 없지만 처음 수입될 당시 영국 왕실에 진상하는 커피라는 소문으로 유명세를 얻었다고 한다. 또 모카 마타리 커피는 예술가 빈센트 반 고흐가 좋아했다는 근거 없는 이야기 덕분에 많은 사람이 찾았다고 한다. 그 밖에도 일본에서는 1953년 헤밍웨이의 원작 소설 《킬리만자로의 눈》이 영화로 개봉되면서 킬리만자로 커피가 모카 마타리 커피보다 더 알려졌다고 한다.

　이처럼 커피가 맛이 아닌 다른 이유로도 유명해질 수 있다고 하지만, 커피 전문가들이 품평회를 통해 최고의 품질을 자랑하는 원두로 선발하는 지역은 거의 일정한 것을 보면 소문만으로 세계적인 커피라는 명성을 얻을 수만은 없음이 분명하다. 그 명성은 커피재배를 위한 천혜의 자연 기후 조건을 바탕으로 재배 기술을 발전시켜 온 부단한 노력의 결과가 아닐까? 커피를 재배하려면 우선 위도, 해발 고도, 토양, 기후 등 까다로운 생육 조건이 맞아야 한다. 실제로 커피는 북위 25도에서 남위 25도 사이의 열대 및 아열대 지역에서만 생산되고 있어서, 이를 **커피 벨트**(Coffee Belt) 혹은 **커피 존**(Coffee Zone)이라고 부른다. 미국 내에서 유일하게 상업적인 커피 원두를 생산하는 코나 지역은 미국 영토에서 가장 저위도에 위치해 있다. 하와이 빅아일랜드(Big Island) 섬에서도 해발 4,170m의 마우나로아산의 서부에 있어 화산토로 인해 촉촉하고 배수가 잘 되는 토양 조건을 갖추었고, 15~25도의 기온을 유지하는 데다 높은 산 덕분에 강렬한 햇볕을 가릴 큰 나무 그늘과 서늘한 바람, 적당량의 구름과 계절 변화가 작은 온화한 기후 특성도 갖추고 있다. 아울러 연 강수량도 아라비카 품종에 가장 적합한 1,400~2,000mm 정도를 유지한다. 결국 적합한 기후 조건에 지역 농장의 재배 기술이 더해져 코나 커피의 깊고 풍부한 맛이 만들어진다고 할 수 있다.

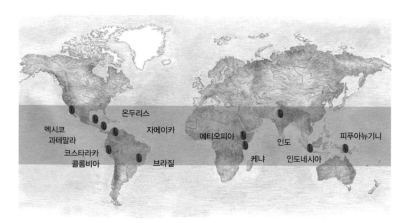

북위 25도에서 남위 25도 사이의 열대 및 아열대 지역에 분포한 커피벨트.

우리가 마시는 음료 중 기후에 민감한 예가 또 있다. 유명한 와인 제조업은 포도 재배를 위한 천혜의 기후 조건을 가진 지중해 주변과 미국 서부의 캘리포니아, 남아메리카 칠레, 남아프리카공화국, 호주, 뉴질랜드와 같은 국가에서 잘 발달했다. 예를 들면, 캘리포니아 북부의 내파밸리(Napa Valley) 지역에만 8백여 개의 와이너리(winery)가 자리 잡고 있으며 약 13조 원 규모의 와인 산업이 발달해 있다. 내파밸리처럼 와인 제조업이 발달해 유명한 와이너리가 존재하는 지역은 여름과 가을에 비가 잘 내리지 않고 건조하며 비교적 높은 기온이 해풍에 의해 잘 조절되는 **해양성 기후**(maritime climate)나 **지중해성 기후**(Mediterranean climate)를 보인다.

해양성 기후는 바닷가 부근 혹은 큰 호수나 강 주변에서 주로 볼 수 있는데, 수증기를 풍부하게 머금은 대기가 중위도 편서풍 등에 의해 몰려와서 온난 다습하고 연교차가 거의 없이 겨울에도 온화한 것이 특징이다. 증발이 많이 일어나고 비가 거의 오지 않아 매우 건조한 지중해, 캘리포니아, 칠레, 남아프리카공화국 등에서 잘 나타나는 지중해성 기후는 겨울에만 비가 많이 내리고 온난 건조한 여름에는 비가 거의 내리지 않아 와인 생산 최적지로 여겨진다.

그런데 지구온난화로 인해 전통적인 와인 생산지의 기후 조건이 변화하면 어떻게 될까? 국내에서는 경북 지역의 포도 재배 면적이 계속 줄고 있으며, 프랑스와 스위스에서도 포도 수확기가 약 2주 정도 앞당겨지는 등 기후변화는 전 세계적인 포도 재배에도 영향을 미치고 있다. 기후변화로 사라질 위기의 음식 목록에서 와인이 빠지지 않는 것은 이 때문이다. 사실 지구온난화로 지구 평균 기온이 1도 상승한 결과는 그동안 와인 업계에 호재로 여겨졌다. 같은 지역에서도 기후에 따라 해마다 포도의 당도가 다르기 때문에 와인 평론가들은 와인의 재료인 포도를 수확한 해를 빈티지(vintage)라고 해서 와인 생산국마다 빈티지 점수를 발표한다. 최근 20년 동안 유럽에서 좋은 빈티지 와인이 출시될 수 있었던 원인 중 중요한 한 가지는 바로 지구온난화라고 볼 수 있다.

그러나 기후변화가 계속되면 와인 생산 최적지도 변해 2050년에는 현재 와이너리가 잘 발달한 지역의 75%가 와인 제조에 부적합한 곳으로 바뀔 것이라 한다. 특히 전통적인 산지로 잘 알려진 프랑스의 보르도, 이탈리아의 토스카나 등에서 생산되는 와인 품질은 큰 타격을 입을 것으로 예상된다. 단순히 와인 품질만의 문제가 아니라 포르투갈, 미국 캘리포니아주, 호주 등에서는 포도나무의 생존 자체가 위협받아 와인 생산이 아예 불가능해질 것이라는 우려도 제기되고 있다.

11

화산과 지진은 무슨 관계일까?

지진과 화산이 지구상 아무 곳에서나 발생하지는 않는다. 지각판이나 해양판이 서로 만나는 경계에서는 판의 움직임에 의해 지진과 화산이 잘 발생한다. 특히 태평양을 둘러싸고 있는 약 40,000km 길이의 지각판(plate) 경계부는 환태평양 조산대(혹은 지진대)로 알려져 있다. 상대적으로 더 무거운 해양판이 가벼운 대륙판 아래로 파고들어 소멸하는 과정에서 지각판에 가해진 힘이 축적되다가 종종 분출하며 지진과 화산 활동이 활발해져서 흔히 불의 고리(ring of fire)로도 불린다. 전 세계 대부분(80~90%)의 지진과 화산 폭발은 일본, 대만, 동남아, 러시아 캄차카반도와 미국 알래스카, 북미 대륙과 남미 대륙의 서부 태평양 연안으로 구성된 이 불의 고리에서 발생한다.

역사상 가장 강력했던 것으로 알려진 1960년 칠레 발디비아 지진을 비롯해 후쿠시마 원자력 발전소 폭발에 따른 방사능 오염수 유출의 원인이 된 2011년 동일본 대지진 등이 불의 고리에서 일어난 대표적인 지진이다. 지난 2014년만 해도 미국 캘리포니아주에서 규모 6.0의 지진이 발생해 미국의 대표적인 와인 산지인 내파밸리가 최대 1조 원의 경제적 피해와 인명 피해를 입었다. 2016년에는 일본 구마모토현에 30명 넘는 인명 피해를 가져다 준 지진 발생 31시간 후 불의 고리를 따라 남미 에콰도르에서 강진이 발생해 200명 이상의 인명 피해를 입히기도 했다. 이어 대만 남동부에서 동쪽으로 80km 떨어진 해상에서 규모 4.9의 지진, 남태평양 섬나라 피지와 통가에서 각각 규모 4.9와 5.8의 지진이 발생하기도 했다.

지진은 화산 활동과 무관하게 발생하는 경우도 많지만 화산 분화 과정에서 마그마 압력이 상승하며 암반이 갈라지면서 발생하기도 한다. 지진과 화산은 서로 인과관계가 있기보다는 둘 다 **마그마와 지각판의 움직임**에 따라 발생하는 결과로 볼 수 있다. 물론 화산 부근에서 크고 작은 지진 활동이 잦아지면 화산 분화의 전조로 생각하기도 한다. 그런데 화산과 달리 지진은 지하수 개발이나 인공 폭발 등 인위적인 요인 때문에 발생할 수도 있다. 우리나라는 불의 고리에서 다소 떨어져 지진이나 화산 활동이 잦은 편은 아니지만 지난 2016년 경주 지진과 2017년 포항 지진은 지진에 대한 경각심을 높여 주었고, 백두산의 경우에는 직간접적으로 태평양판 섭입(subduction) 영향을 받는 엄연한 활화산이라는 목소리도 있다.

화산재가 성층권까지 이르러 태양복사에너지를 차단시켜 지구 냉각화에 기여했던 것처럼 화산 활동은 기후에도 영향을 미치는데, 그렇다면 반대로 기후에 의해 지진과 화산 활동이 영향을 받을 수도 있을까? 오늘날 과학자들은 지구온난화가 지진이나 화산 활동에까지 영향을 미칠 수 있다는 근거를 제시하고 있다. 만년설과 그린란드 대륙 빙상 등의 형태로 존재하고 있는 빙하가 빠르게 녹으면서 하중이 줄어들어 지각판의 움직임이 더 격렬해질 수 있기 때문이다. 또 지구온난화로 빙하가 줄어들면서 빙하가 눌러 주던 압력이 낮아지는데, 빙하로 덮인 아이슬란드의 화산 같은 경우 상대적으로 낮은 온도에서도 마그마가 활동하도록 만들어 화산 분화의 직접적인 원인은 아니지만 하나의 촉발 요인으로 작용할 수 있다고 보는 견해가 있다. 기후변화로 인한 강수 패턴의 변화도 화산 분화를 촉진할 수 있다. 과학자들은 최근 200년간 미국에서 발생한 화산 폭발 중 가장 강력했던 2018년 하와이 킬라우에아(Kilauea) 화산 폭발의 원인을 분석하면서 땅속 마그마 압력이 서서히 높아지는 상황에서 하와이 일대에 평년보다 많은 비가 내린 것에 주목했다. 더

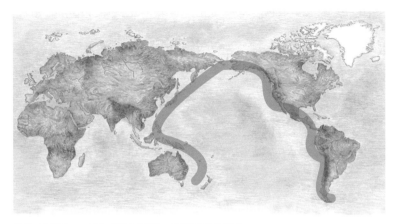

불의 고리(Ring of Fire)라고 불리는 환태평양 조산대.

많은 연구가 필요하지만 화산 표면의 구멍으로 빗물이 대량 침투하면서 암반 압력이 이례적으로 급증하며 화산 폭발을 촉발했다고 해석할 수 있다는 것이다. 이처럼 기후변화는 태풍, 폭우, 폭설, 한파, 폭염과 같은 해양과 기상 재해는 물론이고 지진과 화산 활동 같은 지질 재해에까지 영향을 미치는 광범위한 지구 환경 변화를 가져온다.

12

백두산이 분화하면
기후가 바뀔까?

　지구의 기후변화를 가져오는 다양한 원인 중에는 대규모 화산 폭발도 있다. 남극 빙하 코어를 통해 수천 년, 수만 년 전에 만들어진 얼음 속에 잔존하는 화산재 분진을 분석해서 대규모 화산 폭발이 지구 기후에 미친 영향을 추적했다. 그 결과 이탈리아 베수비오 화산 폭발(79년), 인도네시아 탐보라 화산 폭발(1815년)과 크라카토아 화산 폭발(1883년), 필리핀 피나투보 화산 폭발(1991년) 당시 분출된 연기와 화산재가 고도 11km 이상의 성층권까지 올라가 광범위한 영역에 퍼지면서 수개월 넘도록 일조량을 감소시켜 지구 평균 기온을 떨어뜨린 것으로 해석되고 있다. 필리핀 피나투보 화산 분화 후에는 실제로 일사량이 30% 줄고 지구 평균 기온이 0.5도 낮아졌는데, 일부 과학자들은 16세기부터 19세기 중반까지 나타났던 **소빙하기**의 원인으로 당시의 잦은 화산 폭발을 꼽기도 한다. 빙하 코어 시료 외에도 과거 화산 분화 시 화산재가 얼마나 멀리 이동했는지를 조사하기 위해 촉매나 귀금속으로 많이 사용하는 백금을 분석한다. 화산재에 포함된 백금 입자를 이용해서 과거 기후변화를 일으킨 시기가 화산 폭발 시기와 일치한다는 연구 결과도 제시되었다. 이처럼 화산 폭발은 주변 지역뿐 아니라 광범위한 영역에 영향을 미치고 나아가 지구 기후에까지 영향을 미쳐 자연적 기후 변동성의 원인이 되기도 하는 것이다. 또 반대로 기후가 변하면서 강우량 등 지표면에서의 변화가 암반과 마그마 압력 등 땅속까지 영향을 미치기 때문에 화산 폭발이 기후변화로 촉발될 수 있다는 주장도 있다. 이처럼 전혀 무관해 보이는 화산 활동도 지구의 기후와 상호 작용하며 영향을 주고받는다.

백두산도 과거 946년경에 대규모 분화가 있었던 것으로 추정된다. 화구나 화산 중턱의 갈라진 틈에서 마그마가 서서히 분출해 용암이 흘러내리는 방식의 **하와이식 분화**(Hawaiian eruption)가 아니라 휘발성 성분이 많아 폭발적인 **플리니식 분화**(Plinian eruption)를 했기 때문에 당시 화산재 피해가 컸을 것으로 추측된다. 기원후 1000년에 가까운 세기말에 발생해서 천년 분화(millennium eruption)라고도 불리는 백두산 화산 폭발은 당시 광활한 영토를 지배했던 해동성국 발해가 멸망한 원인이라는 학설도 있다. 하지만 발해는 926년에 멸망했으니 20년의 차이가 있어서 그러한 해석에는 무리가 있다.

백두산 천년 분화 당시에 화산재와 화산가스 기둥이 고도 25 km가 넘게 치솟았으며, 100km 넘는 지역이 화산재로 덮여 한반도는 물론 멀리 일본 홋카이도와 혼슈 북부 지역에까지 화산재 지층을 남겼다. 심지어 그린란드 빙하 속에서도 백두산 화산재의 유리 조각이 발견되었다고 한다. 그러나 지구 평균 기온을 낮춘 탐보라 화산 분화 등과 달리 백두산이 상대적으로 고위도에 위치하고 있으며 분화 시기가 겨울이었던 탓에 기후에 미친 영향은 적었던 것으로 알려진다. 백두산 천년 분화 당시 방출된 에너지는 원자 폭탄 에너지의 약 16만 배, 2011년 동일본 대지진 에너지의 약 4배에 달한다. 과학자들은 천년 분화의 1% 수준으로만 분화해도 북한 함경도와 양강도 지역은 직접적인 재해 피해 구역에 속하고, 북한 영토의 절반이 화산 분출물로 뒤덮이며, 기상 조건에 따라 서울 등 남한에도 영향을 미칠 것으로 예상한다.

특히 2000년대 초부터 지하 마그마 관입에 따른 화산성 지진이 잦아지고, 비정상적인 지표 변형이 관찰되며 정상부의 천지 칼데라 주위 화산체가 팽창하는 등 매우 불안정한 상태로 폭발 징후를 보이고 있어서 과학자들은 백두산 분화 가능성이 충분한 것으로 보고

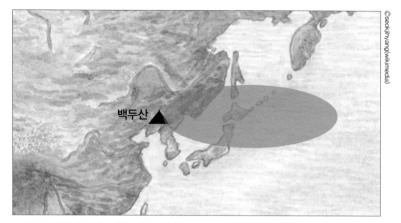

946년경에 일어난 백두산 분화를 바탕으로 예측한 백두산 분화의 영향권.

있다. 과도한 걱정을 할 필요는 없지만 설마 백두산이 폭발하겠냐
는 막연한 불감증은 경계해야 할 것이다.

13

사막도
기후변화로 생긴 걸까?

    연 강수량이 250mm 이하로 증발량보다 강수량이 훨씬 적은 사막에서는 기계적 풍화라 부르는 물리적 변화가 극심한데, 이로 인해 많은 암석이 자갈이나 모래로 변하는 과정에서 여러 종류의 사막이 만들어진다. 일반적으로 '사막' 하면 떠올리는 모래가 끝없이 펼쳐진 모습은 **모래 사막**에 해당하며, 여기에서는 모래 폭풍이 50일이나 지속되기 때문에 비행기나 자동차, 사람이 다닐 수 없고 종종 천막도 허망하게 날아가 버린다. 미세한 모래 입자의 마찰로 정전기가 발생하기 때문에 전자 장비도 먹통이 되어 버리니 주의해야 한다. 모래 사막에서는 모래 폭풍이 불면서 지형이 심하게 변해서 지형 지물을 보고 방향을 찾아가다 가는 낭패를 보기 쉽다. 모래 사막과 달리 암석과 자갈로 구성된 사막은 **자갈 사막**이라 하는데, 모래 사막보다 흔하다. 자갈과 바위투성이에 모래가 뿌려져 있는 황량한 모습을 떠올리면 되는데, 모래 사막보다 통행이 더 어렵거나 아예 불가능하고 무서운 자갈 폭풍이 불어 모래와 함께 자갈이 날아다닐 수도 있으니 더욱 위험하다.

원래 바다였던 곳이 메말라 사막이 되는 경우도 있는데, 이러한 사막은 **소금 사막**이라 한다. 소금 사막은 대체로 지면이 평탄하며 주성분이 소금으로 된 입자들이 날아다니는 소금 폭풍이 발생한다. 남극 대륙과 북극해에 인접한 지역에서도 강수량이 적어 건조한 사막 기후가 나타나는데, 이러한 지역은 **극지 사막**으로 분류한다. 극지 사막은 다시 남극 대륙이나 그린란드와 같이 일 년 내내 얼음 상태인 영구 빙설 사막과 얼음이 녹았다가 얼었다가 하는 툰드라 지역의 툰드라 사막으로 나눈다. 이렇게 사막에도 여러 종류가 있어 독특한 특징을 지니며, 공통적으로 비가 잘 내리지 않아 매우 건조한 사막 기후가 나타난다. 물이 부족해 생명체가 살 수 없을 것 같은 사막에서도 여러 동식물이 살아가는데, 예를 들면 건조한 기후에 잘 적응하며 운송 수단으로도 이용되는 낙타는 사막 지역에서 매우 중요한 가축이다.

아프리카 북부의 사하라(Sahara) 사막과 같이 아열대 지역에는 사

전 세계 사막 분포.

막이 잘 발달한다. 적도 부근의 저위도나 위도 60도 부근의 고위도
와 달리 위도 30도 부근은 대기 대순환에 의해 하강 기류가 우세하
며 고기압을 형성해 구름이 별로 없이 일 년 내내 맑고 건조한 날씨
가 지속되기 때문이다. 또 중위도 대륙의 서쪽 지역에서는 인접 해
양에 한류가 흐르면서 서늘한 기후를 보여 상승하는 기류가 형성되
기 어렵고 쉽게 건조해진다. 미국의 모하비(Mojave) 사막, 남아프리
카의 나미브(Namib) 사막, 칠레의 아타카마(Atacama) 사막 등은 모두
대륙의 서쪽에 위치하며 해안을 따라 좁고 긴 형태로 발달해 있다.

해안선으로부터 멀리 떨어진 대륙 내부나 거대한 분지 지역에
도 사막이 잘 발달하는데, 중국 타클라마칸 사막과 고비 사막이 대
표적이다. 여기서는 겨울에 기온이 영하로 내려가고 강수량이 매우

적으나 여름에 비가 내리기도 한다. 그 밖에도 산을 타고 넘은 대기
가 아래로 불면서(하강 기류) 건조해지는 푄 현상이 나타나는 곳에도
종종 사막이 만들어지는데, 미국 그레이트 베이슨(Great Basin)의 여
러 사막과 아르헨티나의 파타고니아(Patagonian) 사막이 그러한 예
이다. 오늘날에는 지나친 산림 파괴와 과다한 목축, 경작 등으로 사
막이 늘어나는 사막화 현상이 진행되며, 기후변화로 지구촌 전체가
물 순환과 강수 패턴의 변화를 겪고 있어 사막화가 더 심화될 것으
로 우려된다. 따라서 대책을 마련하고 적극적으로 대응하지 않으면
앞으로도 사막화 진행을 막기 힘들 것이다.

14

장마도 기후변화 때문에
나타나는 걸까?

강수량이 증발량보다 적은 사막과 반대로 강수량[19], 특히 상승 기류가 우세하고 구름이 많아 비가 자주 내리는 적도 부근의 저위도 지역에는 열대 우림이 잘 발달한다. 그런데 저위도 지역을 벗어난 중위도 지역 중에서도 **몬순**(계절풍) 영향이 뚜렷한 동아시아, 동남아시아, 인도와 같은 지역에서는 강수량이 증가하는 특성이 있다. 겨울철에는 대륙의 영향으로 건조한 반면, 여름철이 되면 바다

••••
19 비나 눈 등 하늘에서 내린 물의 양 모두를 의미한다. 그중 비의 양은 강우량, 눈을 녹여서 물의 양으로 표현하면 강설량(설량계를 이용해 측정, mm), 눈이 쌓인 양(깊이)으로 표현하면 적설량(cm)으로 구분한다.

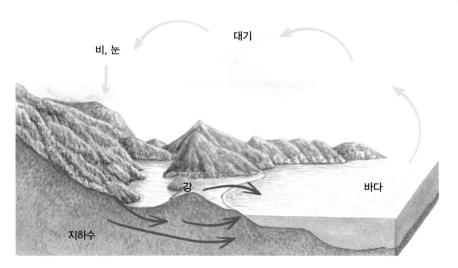

물의 순환.

의 영향이 커지며 수증기를 잔뜩 머금은 다습한 해풍이 불기 때문이다.

동아시아에 속한 우리나라에서도 여름 몬순 기간에 장마[20]로 불리는, 여러 날 동안 비가 내리는 현상이 나타난다. 우리나라가 위치한 한반도는 겨울 몬순 기간에 한랭 건조한 대륙성 기단인 시베리아 고기압의 영향을 받아 북서풍이 불며 춥고 건조하지만, 여름 몬순 기간이 되면 고온 다습한 해양성 기단인 북태평양 고기압이 남동쪽에서부터 세력을 점차 확장하며 영향을 미친다. 또 북동쪽에

• • • •
20 　중국에서는 '메이유', 일본에서는 '바이유'라고 부르며, 흔히 여름철에 오랫동안 계속해서 비가 내리는 것을 뜻하지만, 기상학적으로는 장마 전선(정체 전선)의 영향을 받아 비가 오는 것을 의미한다.

있는 오호츠크해에서도 눈이 녹으며 한랭 다습한 해양성 기단이 세력을 확장한다. 두 해양성 기단은 모두 수증기가 풍부하고 다습하지만 한랭한 오호츠크해 고기압과 온난한 북태평양 고기압 사이의 온도 차가 크기 때문에 두 고기압 사이에 뚜렷한 전선이 생긴다. 이때 수렴대가 만들어져 한반도 상공에 머물면서 많은 비가 내리는 것이다.

북태평양 고기압과 오호츠크해 고기압, 두 고기압의 세력에 따라 그 경계인 수렴대, 즉 **장마 전선**(주로 머물러 있는 정체 전선)이 남북을 오르내리며 한반도 전체에 많은 비를 뿌린다. 한반도 1년 강수량의 3분의 1이 장마 기간에 집중해서 내린다. 특히 장마 전선이 태풍과 상호 작용하며 집중호우를 가져오면 홍수 피해가 발생하기도 한다. 편서풍이 약화되고 남북으로 강한 바람이 불면 장마 전선의 남북 진동이 커져 남부 지방뿐 아니라 중부 지방에도 많은 비가 내리며 예보도 종종 빗나간다. 오히려 중부 지방에만 비가 오고 남부 지방에는 비가 잘 내리지 않는 장마도 발생하며, 반대로 남부 지방에만 많은 비를 가져오는 장마도 나타난다. 혹은 장마 전선이 형성되지만 한반도에 접근하지 않거나 활동이 약해 비가 적게 내리는 경우도 있는데 이를 '마른 장마'라고 부른다. 또 여름 장마처럼 뚜렷하지는 않으나 북태평양 고기압이 약해지고 한랭한 대륙성 고기압 세력이 강해지는 가을에도 남하하는 전선이 한반도에 걸치며 여름 장

전 지구적 강수 패턴. 그림의 노란색과 붉은색으로 표시 영역은 강수량이 적고, 초록색과 파란색으로 표시된 영역은 강수량이 많음을 의미한다. (유럽연합, 2017 제공)

마와 비슷한 기상이 만들어지는데, 이를 '가을 장마'라 하며 태풍과 겹쳐 큰 강수 피해를 주기도 한다.

장마는 가뭄을 해갈하고 미세먼지와 산불 걱정도 줄여 준다. 또한 무더위를 식히고 토양에 과다하게 쌓인 무기염류를 씻어 내어 농경에도 도움을 주는 등 여러 모로 긍정적인 **자연 서비스 기능**(natural service function)을 담당한다. 그러나 장마가 너무 오래 지속되면 각종 산사태와 홍수 등 자연 재해가 되기도 한다. 사실 자연은 어떤 의도를 가진 것이 아닌데, 인간 활동에 따라 자연 서비스 기능을 담당하는 자연 현상으로부터 혜택을 입기도 하고, 반대로 피해를 입기도 하는 것이다.

더구나 오늘날에는 기후변화로 전 지구적 물 순환과 강수 패턴이 달려져서 장마 특성에도 큰 변화가 생겼고, 예측이 어려워진 만큼 대비도 부족할 수밖에 없다. 지역적으로도 기후변화에 따라 베링해의 해빙과 티베트고원에 쌓인 눈의 양이 줄어들면서 고기압 형성 속도에 차이가 생겼고 장마 특성도 달라졌다. 특히 2020년 여름에는 과거에 볼 수 없었던 최장 기간 동안 장마가 이어져 홍수와 산사태 등의 피해가 생겼다. 우리나라에서도 피해가 적지는 않았지만, 중국 남부 지방과 일본 규수 지방 등에서는 매우 극심한 홍수 피해를 입기도 했다. 이와 반대로 호주에서는 비가 너무 오지 않아 9개월간 산불이 이어지면서 어마어마한 규모의 산림과 생태계가 파괴되었다. 이처럼 오늘날에는 기후재앙이라고 부를 정도로 전례 없는 기상 현상으로 인한 피해가 현실화되고 있다. 장마 특성은 물론이고 전 지구적 물 순환과 강수 패턴 변화를 깊이 있게 연구하고 잘 대처하지 않으면 자연 재해로 인한 피해 규모가 눈덩이처럼 커지는 것을 막기 어려울 것이다.

15

기후변화로 만년설이 다 녹으면
어떻게 될까?

대류권 안에서는 고도가 높아질수록 기온이 낮아진다. 따라서 고산지대처럼 고도가 높은 곳에서는 얼음이 녹지 않고 쌓여 있는 소위 **만년설**을 볼 수 있다. 새로 내린 눈이 차곡차곡 쌓이고 압력을 받으며 만들어진 만년설은 대체로 빙하 형태로 계속 존재한다. 기온이 오르면 만년설 아래에는 눈이 녹아 흘러내리지만 만년설에서는 눈이 녹지 않고 유지되는 것이다. 원래 만년설은 만 년만큼 오래된, 즉 영원한 눈을 의미한다. 하지만 실제로는 계절 변화에 따라 녹았다가 새로 얼면서 나타나고 사라지기를 반복하기보다는 일 년 내내 녹지 않는 눈을 뜻한다. 눈이 녹아 있는 지표면과 만년설이 시작되는 경계가 설선(snow line)으로 뚜렷하게 구분되기 때문에 육안으로도 만년설의 존재를 쉽게 파악할 수 있다.

만년설은 대체로 대류권의 중간 고도인 해발 약 4,000~5,000m 지대에 분포한다. 하지만 일부 고위도 지역에 위치한 산맥(스칸디나비아산맥, 안데스산맥 남부, 알프스산맥 남부)은 지표면부터 기온이 낮아 대류권의 하부에 해당하는 1,000m 고도에서도 만년설을 볼 수 있다. 또 일부 건조 기후 지역에서는 사막 한가운데의 높은 산 정상부에서 만년설을 볼 수 있는데, 안데스산맥 일대와 카라코람산맥, 파미르 고원, 쿤룬산맥, 톈산산맥 등이다.

현재 기후변화로 지구온난화가 진행되면서, 생성되는 얼음의 양이 녹는 양보다 적어 만년설도 급속도로 사라지고 있다. 유명한 관광 명소이기도 한 유럽의 알프스산맥에 있는 만년설은 해마다 길이가 50m씩 짧아진다고 한다. 일부 지역에서는 거대한 가림막을 설치해 녹아 없어지는 속도를 조금이라도 늦춰 보려고 하지만 소용없다는 소식도 들린다. 아프리카 대륙 최고봉인 킬리만자로 역시 산 중턱까지 만년설이 내려와 있었으나 이제는 대부분 녹고 정상에만 일부 남아 있는 상태다. 유럽과 아프리카 외 다른 지역의 만년설도 마찬가지로 빠르게 녹고 있으며 안데스산맥에는 만년설이 이미 다 녹아 없어진 산들도 있다고 한다.

만년설이 다 녹으면 그저 미관상으로 보기 흉해 관광 산업만 타

지구온난화로 녹지 않는 얼음(만년설)들이 녹을 위기에 있다.

격을 입는 것이 아니다. 고산 지역에서는 물 부족을 겪고 산 아래 지역에서는 홍수를 겪는다. 또한 건조 지역에서 심각한 사막화가 발생하며, 나아가 바다로 흘러가는 물의 양이 증가하며 해수면 상 승에도 영향을 미친다. 단기적으로는 해당 지역에 눈사태와 홍수가 심해질 수 있고, 장기적으로는 해당 지역에 극심한 가뭄이 찾아올 뿐만 아니라 전 지구적 물 순환 변화로 말미암아 지구 곳곳이 폭우, 폭설 혹은 가뭄, 폭염을 겪는 등 기후에 영향을 미친다.

가장 심각한 위협은 식물과 동물을 포함한 고산 생태계가 생리 생태적 스트레스에 적응하지 못한 채 멸종되거나 산 아래에서 확산 해 오는 종과의 경쟁에서 밀려 쇠퇴할 위태로운 상황에 놓이는 것이다. 환경 변화에 적응하지 못하면 생존이 불가능하며, 생물 다양성의 감소는 결국 생태계 전반과 이에 절대적으로 의존하는 인간의 생존도 위협한다. 즉 기후변화로 인한 전반적인 지구 환경과 생태계 변화 문제에 만년설의 감소 역시 포함되어 있다. 오늘날 과학자들은 아시아 고산지대 만년설의 최대 67%가 2050년까지 사라질 것으로 전망하는데, 이는 현재와 같이 인류가 온실가스 배출을 지속적으로 늘려 갈 때 나타날 가장 심각한 수준의 지구온난화 시나리오다. 만약 지구온난화 수준을 2.6도 상승으로 완화한다 해도 만년설은 약 29% 감소할 것으로 전망된다.

16

기후변화로 땅이 녹으면
어떤 일이 일어날까?

땅이 녹는다는 말은 무슨 뜻일까? 그 전에 땅이 얼어 있었다는 뜻이다. 지층의 온도가 2년 넘게 물의 어는점 이하로 유지되어 꽁꽁 얼어붙은 토양층 또는 기반암층을 **영구 동토층**이라 한다. 영구 동토층의 지표를 덮고 있는 땅은 겨울에 얼었다가 여름에는 녹아서 식물이 자라기도 하며 그러한 식물에 의존하며 살아가는 곤충 같은 동물도 살고 있다. 영구 동토층에는 모든 것이 얼어붙어 있다. 대부분 수천, 수만 년 전부터 얼어붙어 있는 탓에 흙과 얼음은 물론이고 그 당시 식물들의 잔해와 미생물, 그리고 석탄, 석유, 천연가스 등 광물도 묻혀 있다. 시베리아 곳곳의 영구 동토와 북극해의 얕은 대륙붕에 있는 해저 영구 동토를 비롯해 전체 지표면의 14% 정도, 혹은 북반구 육지 면적의 4분의 1인 2,100km^{2}의 면적을 차지하며 일부는 최후 빙하기의 잔존물이기도 하다. 러시아 영토의 60%, 캐나다 북부의 50%, 그리고 알래스카, 그린란드, 아이슬란드, 스칸디나비아, 로키산맥, 알프스산맥, 히말라야산맥, 남미 대륙과 뉴질랜드의 고지대 등 곳곳에 분포하고 있으며, 북극해 주변에 넓게 분포하는 편이다.

그런데 기후변화와 영구 동토층은 무슨 관계가 있을까? 과학자들은 대기 중 탄소 형태로 존재하는 양보다 최소 2배나 많은 탄소가 메탄 등의 형태로 영구 동토에 포함되어 있으며 이것이 만약 대기 중으로 방출되면 지구온난화를 가속화할 것이라 우려하고 있다. 현재 대기 중 메탄 농도는 이산화탄소 농도에 비해 월등이 낮아 전체적인 온실효과는 온실가스의 대부분을 차지하는 이산화탄소의 영향이 더 크다. 중요한 것은 동일한 양의 메탄이 만드는 온실효과가 같은 양의 이산화탄소보다 20배 이상 강력하다는 사실이다. 따라서 기후변화로 영구 동토가 녹기 시작하면 다량의 메탄과 이산화탄소가 대기 중으로 방출되고 이로 인해 지구온난화가 증폭되어 더 빠르게 영구 동토가 녹고 다시 탄소를 배출해 지구온난화가 악화된다. 그야말로 기후변화로 땅이 녹아 또 다시 기후변화를 가중시키는 악순환을 반복하는 셈이다.

실제로 수십 명의 과학자들은 북극의 100곳 넘는 지역에서 이산화탄소양을 1,000회 이상 측정했다. 그 결과 놀라운 사실을 발견했다. 그동안 영구 동토에서 식물이 광합성을 하며 흡수하는 이산화탄소양과 거의 맞먹는 약 10억 톤의 이산화탄소가 방출되었으나, 이제는 이보다 약 6억 톤이나 초과해 방출하고 있다는 사실을 확인한 것이다. 영구 동토는 연간 수 센티미터씩 서서히 녹는 것이 아니라 불과 며칠 혹은 몇 주 사이에 수 미터의 땅이 순식간에 무너져 내릴 수 있다. 그 결과 지반이 불안정해지며 붕괴가 일어나고 빈 공간에 녹은 물이 채워지며 연못이나 호수가 생겨나기도 한다.

　　기후변화로 영구 동토가 녹으면서 땅이 무너지는 와중에 특정 지역은 아예 고립되어 육로로는 외부로 나가거나 들어오지 못하고 비행기로만 이동해야 하는 상황에 놓이기도 한다. 물류의 어려움으로 각종 생필품 가격이 천정부지로 치솟거나 아예 구하지 못하는 일까지 발생한다. 또 알래스카에서 숲이었던 지역이 1년 만에 호수로 바뀌거나 맑은 물이 흐르던 강에 붕괴된 토사가 흘러가 흙탕물이 급류를 타고 내려가는 상황이 일어나기도 한다. 이처럼 급격히 영구 동토가 붕괴할 때 서서히 녹는 경우에 비해 2배 이상 많은 온실가스가 방출되는 것으로 알려져 있다. 전문가들은 지구온난화로 2100년까지 지구 평균 온도가 2도 높아지는 경우 전 세계 영구 동토의 약 40%가 사라질 것이라 예상하고 있다.

영구 동토가 녹으면서 이산화탄소와 메탄 등의 온실가스만 방출하는 것이 아니다. 지난 2016년, 영구 동토층이 잘 발달한 러시아 시베리아의 툰드라 지대에서 2,300마리의 순록이 갑자기 떼죽음을 당했다. 정확한 원인은 알 수 없으나 많은 학자가 영구 동토층이 녹으면서 갇혀 있던 탄저균이 활동을 시작했기 때문이라고 믿고 있다. 과학자들은 기후변화로 영구 동토가 녹는 과정에서 탄저균 외에도 얼어붙어 있던 각종 병원균이 깨어나 각종 동식물을 위협할 것이라 경고했다. 실제로 시베리아의 순록 떼죽음 외에도 캐나다 뱅크스섬과 빅토리아섬에서 사향소가 떼죽음을 당한 것을 두고 얼어붙었던 병원균이 깨어났기 때문이 아닐까 의심하고 있다. 영구 동토층에는 오래 전에 살았던 사체가 대량으로 묻혀 있기 때문에 기후변화로 땅이 녹으며 사체가 산소와 접촉하면서 부패하기 시작한다. 이를 어떤 과학자는 이렇게 표현한다.

"우리는 북극 냉장고의 플러그를 뽑아 버렸습니다. 이제 안에 들어 있던 것이 전부 썩기 시작할 겁니다."

17

기후가 변화하면
모든 생명체가 멸종할까?

지구상에는 다양한 생태계가 있지만 그중에서도 무역풍에 의해 지표에서 대기가 한데 모여 상승기류가 나타나고 구름이 많아 비가 잘 내리는 열대 다우림 지역은 생물 다양성이 특히 높다. 열대림의 면적은 지표면 육지 면적의 불과 6%밖에 되지 않지만 지구 생물종의 절반 이상이 집중적으로 서식하는 것으로 추정된다. 우리가 알고 있는 생물종은 실제 지구에 사는 생물종의 10%에도 미치지 않는 것으로 알려져 있는데, 생물학자들이 논문에 보고한 종만 해도 약 180만 종에 이른다. 최근의 심각한 기후변화와 환경 오염 및 자연 재해 등의 지구 환경 파괴로 많은 생물종은 밝혀지기도 전에 급속히 사라지고 있다. 인류가 지금의 방식을 바꾸지 않는다면 앞으로 수십 년 안에 지구상 생물종의 4분의 1은 절멸하고 말 것이다. 이미 현재의 기후변화로 매일 100종 이상의 생물이 사라지고 있을 정도로 오늘날 **생물 다양성**(biological diversity 또는 biodiversity) 감소는 매우 심각한 수준이다. 특히 생태계 먹이사슬의 하위 단계에 놓인 곤충과 식물이 빠르게 사라지는 것은 상위 포식자에 해당하는 생물은 물론이고 먹이사슬의 최정점에 있는 인류의 생존에도 심각한 위협이 된다. 생물 다양성 감소는 가장 심각한 생태계 파괴 결과인 동시에 기후변화로 나타나는 여러 문제 중에서 가장 심각한 문제라고 할 수 있다.

　기후변화로 생물종의 서식지에 기온 등의 환경 조건이 바뀌면 생물은 생존을 위해 보다 적합한 환경 조건을 찾아 이동한다. 지구 온난화는 대부분의 생물종을 좀 더 고위도 지역으로, 더 높은 고도 지역으로 이동시킨다. 지구 평균 기온이 1도 오르면 중위도 지역의 식물은 북쪽으로 약 150km, 고도는 위쪽으로 약 150m 이동할 것으로 추산한다. 그러나 이 과정에서 이동 능력이 떨어지거나 인류의 토지 이용 방식에 따른 인구 증가, 도시화, 농지 확장, 공장 건설 등에 가로막혀 결국 절멸하고 말 것이다. 사실 대부분의 식물은 현재 예상되는 기후변화 속도를 따라잡기가 어려워 분포 범위가 줄어들거나 소멸할 위험이 높다. 이동 능력 외에도 다른 생물종과 복잡한 상호 작용을 통해 관계를 맺고 살아가는 생물에게 변화하는 기후와 인간 활동의 파급 효과는 클 수밖에 없다. 포식과 피식 관계에 있거나 생리적 영향을 받고, 영양원을 두고 경쟁 관계에 있는 경우가 대부분이므로 생물종의 이동으로 생태계의 연결고리가 무너지며 생물 다양성 감소가 심화되는 것이다. 절멸 가능성이 있는 극히 일부의 종만 평가했지만, 이미 수만 종이 멸종 위기의 위협종(threatened species)에 속한다.

물론 기후변화로 단기간에 모든 생물이 절멸하는 극단적인 변화를 예상하는 것은 아니지만 생물 다양성이 감소하는 예는 흔하게 볼 수 있다. 기후과학자들이 오래 전부터 심각한 산불을 경고했던 호주의 예가 대표적이다. 지난 2019~2020년에 극심한 가뭄과 함께 수개월 동안 지속된 대형 산불로 호주는 대한민국 국토 면적(약 10만km²) 정도의 땅이 불에 탔고 자연 생태계가 심각하게 파괴되었다. 수천 마리의 코알라가 불타 죽었고 10억 마리가 넘는 야생동물이 목숨을 잃었다. 이중에는 호주에만 서식하던 쇠주머니쥐와 몇몇 개구리 종도 있어 여러 생물종의 절멸을 시사했다. 코알라는 개체 수가 줄어 생태계 안에 독자적으로 생존이 불가능한 '기능적 멸종 위기' 동물이 되었고, 총 113종의 동물이 긴급 지원이 필요한 상태가 되었다. 이처럼 호주의 사례만으로도 심각한 생물 다양성 감소가 현실로 다가왔음을 알 수 있다.

18

날씨가 따뜻해지면
바퀴벌레가 더 많아질까?

바퀴벌레와 같은 곤충을 흔히 벌레라고 한다. 벌레는 몸집이 커서 징그럽거나 혐오감을 주기도 하며, 과수 재배나 경작 등에 피해를 입혀 해충으로 여기는 등 부정적으로 인식하는 경우가 많으니 기후변화로 곤충이 사라지고 있다는 소식이 반가울지도 모르겠다. 그러나 실제로 기후변화 때문에 발생하는 곤충 생태계 변화가 과연 인류에게 긍정적인 것일까?

지구의 자연 생태계는 다양한 생물종 사이의 상호 작용을 통해 결국 인간의 생존을 돕는다. 곤충도 생태계의 중요한 일원으로 생물 **다양성**(biodiversity)에 기여하며 다양한 자연 서비스 기능을 담당하므로 인간에게 혜택을 주는 셈이다. 특히 먹이사슬의 주요 조절자이자 자연의 분해자이기 때문에 곤충 생태계의 위협은 인간에게도 악영향을 끼친다. 학자들은 오래 전부터 생물 다양성이 감소하고 생태계가 파괴되면 인류는 지구에서 더 이상 생존하기 어려울 것이라고 경고해 왔다.

하지만 인류가 곤충을 대하는 방식은 여전히 부정적인 것이 사실이다. 보통 날씨가 추워지면 바퀴벌레가 따뜻한 집안에서 종종 발견된다. 그렇다 보니 많은 사람이 지구온난화가 진행되면서 앞으로 바퀴벌레가 더 많아지는 것 아닐까 하고 걱정한다. 실제로 바퀴벌레는 실내외 모두에서 서식 가능하고 끈질긴 생명력을 가졌기 때문에 다양한 서식처와 먹이가 확보되면 개체 수가 늘어날 수 있다. 먹이사슬의 하위 단계에 속하는 바퀴벌레는 원래 각종 새들부터 개미, 그리마, 고양이, 귀뚜라미, 사마귀, 전갈 등에 이르기까지 천적이 매우 많다. 하지만 도시에서는 인간이 천적들을 모두 제거해 주니 인간 외에는 천적이 거의 없는 셈이다. 그런데 역설적으로 인간은 음식 부스러기와 적당한 온도와 습도를 갖추는 등 바퀴벌레에게 좋은 서식처를 제공하니 개체 수가 늘어나는 것이 그리 놀라운 일은 아니다. 그러나 이것은 어디까지나 인간이 천적을 제거하고 적당한 온도와 습도로 서식 환경을 갖추어 준 탓일 뿐 실제 지구 환경이, 특히 기후변화로 변화하고 있는 지구 환경이 바퀴벌레에게 그리 호의적인 것만은 아닌 듯하다.

바퀴벌레 수가 인간 활동으로 늘어날 수 있는 것과 달리, 인간 활동에 의한 기후변화로 야생 생태계에서는 전반적인 곤충의 수가 줄어들며 곤충 생태계가 심각하게 위협받고 있다. 변온동물인 곤충은 주변의 온도와 습도에 민감하며, 임계 온도나 습도 조건을 벗어나는 환경에서는 서식하기 어렵다. 따라서 곤충 생태계는 기후변화에 민감하게 반응하는데, 곤충 개체군의 지리적 범위가 확장되거나 이주하는 변화가 나타나고, 계절적인 발생과 소멸에도 변화가 감지되고 있으며, 높은 기온을 견디는 유전자를 지닌 곤충들이 더 많이 발견되는 변화도 관찰되고 있다. 과학자들은 곤충의 몸집이 줄어드는 변화도 발견했는데, 예를 들면 딱정벌레는 기온이 1도 오를 때마다 몸집이 1%씩 줄어든다고 한다. 기후변화로 딱정벌레 먹이 생태계가 변화하며 몸집이 줄어든 것으로 해석되며 다른 생태계에서도 관련된 변화가 일어날 것으로 예측했다. 그러나 기후변화가 생물의 크기에 미치는 영향을 단순하게 해석해서는 안 되며, 생물의 기후변화 적응과 다른 종과의 복잡한 상호작용은 아직 많은 부분 밝혀지지 않고 있다. 현재 생태계에서 벌어지고 있는 작은 변화가 인류에게 기회가 될지 아니면 위협이 될지는 알 수 없다. 해당 바이러스에 면역력이 없는 동식물에게 감염병이 확산하는 형태로 피해를 줄지, 아니면 이들을 통해 생태계가 활성화되며 식량 생산이 늘어날

지 등에 대해 당장 답해 줄 수 없다. 이러한 궁금증의 해답은 결국 지구의 자연 생태계를 과학적으로 잘 이해하고 인간과 지구가 공존하는 환경을 만들기 위해 인간이 얼마나 노력하는가에 달려 있지 않을까?

초콜릿이
사라질 수도 있다고?

기후변화에 따라 지구의 자연 생태계를 구성하는 동식물이 전반적으로 변화하며 작물 생산을 포함한 농업 전반이 바뀌고 바다에서도 수산 자원의 변화가 나타나고 있다. 이런 상황에서 우리가 먹는 음식에 전혀 변화가 없기를 바라는 것은 무리일 것이다. 기후변화에 민감하게 반응하며 사라질 위기에 놓인 것은 유명한 커피나 와인만이 아니며, 동식물 혹은 곤충만이 아니다.

세계에서 가장 많이 소비하는 농산물인 카카오를 예로 들어 보자. 기후변화로 초콜릿 원료인 카카오(혹은 코코아) 생산량은 앞으로 20~30년 안에 현재의 절반 수준으로 떨어질 것으로 전망되고 있다. 이 상태로 2050년이 되면 초콜릿은 매우 희귀하고 값비싼 기호품이 되어 지금처럼 많은 사람들이 밸런타인데이(Valentine's Day)에 즐기지 못할 수도 있다. 또 과학자들은 **지구온난화**로 초콜릿의 맛도 달라질 수 있음을 시사하는 연구 결과를 발표했다. 기후 조건에 따라 카카오 나무에 가해지는 스트레스가 다르기 때문인데, 카카오 나무는 재배 방법보다 기후 조건에 더 큰 영향을 받으므로 기후변화에 민감하다는 뜻이다. 앞으로는 기후변화로 초콜릿 없는 세상, 아니면 맛없는 초콜릿만 남는 세상이 될지도 모를 일이다.

카카오 나무는 고온 다습한 환경, 특히 강우량이 풍부한 환경에서만 재배할 수 있다. 따라서 지표면과 해표면 가열이 심하게 일어나며 상승기류가 우세하고 구름과 비가 많은 열대 지역에서만 볼 수 있다. 원래 카카오 나무는 생물 다양성이 높은 열대 우림에서 자라며 성장 속도가 느린 것이 특징이다. 그러나 열에 취약해 지나치게 온도가 높으면 재배할 수 없어 여러 종류의 나무와 식물이 혼재하는 숲속에서 잘 자라는 것으로 알려져 있다. 다른 나무와 식물이 그늘을 만들고 대기를 식히고 지하수면을 유지해 주기 때문이다.

이렇게 까다로운 조건 때문에 오늘날 세계 카카오의 70% 이상은 서아프리카의 가나, 코트디부아르 등에서 재배하고 있으며 나머지는 중남미와 인도네시아에서, 극히 일부는 하와이 등 일부 지역에서 재배 중이다. 서아프리카는 현재 카카오 재배 환경에 적합한

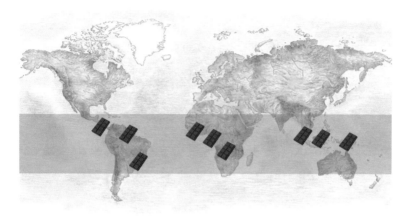

카카오가 재배되는 지역을 표시한 그림. 커피벨트와 마찬가지로 지구의 온도가 오르면서 생산자가 변하거나 없어질 위험이 있다.

토지를 많이 보유하고 있지만 기후변화로 재배 지역이 점점 고위도 쪽 그리고 높은 고도로 이동 중이다. 이곳 지대가 워낙 산이 없고 평탄해서 재배 지역의 범위가 줄어들고 있는 것이다. 특히 우리가 좋아하는 작은 갈색 콩을 재배하려면 너무 뜨겁고 건조하지 않아야 하는데, 사막 등으로 막혀 재배 환경에 적합한 영역이 사라지고 있다.

초콜릿은 기원전 중남미 일대의 마야 문명에서 시작되었다고 하는데, 고대 마야인들이 종교적 의식을 통해 초콜릿 음료를 마셨고, 아즈텍족은 카카오 콩을 화폐로도 사용했다는 기록이 있다. 아메리카 대륙을 발견한 스페인을 통해 16세기가 되어서야 유럽 왕실에 소개된 후, 오늘날에는 글로벌 초콜릿 생산업체를 통해 전 세계

인이 즐기고 있다. 초콜릿 산업이 지속적으로 성장한 덕분에 지난 100년간 카카오 수요는 전 세계적으로 매년 3%씩 꾸준히 증가했다. 증가한 수요에 부응하기 위해 카카오 재배 농부들은 전통적으로 다른 나무와 식물들이 카카오 나무와 혼재하던 숲을 없애고 생산성이 높은 새로운 카카오 종자를 심기 시작했다. 그러나 숲이 사라지며 토양 침식으로 카카오 나무의 수명이 짧아지자 농부들은 다른 곳으로 이동해 다시 숲을 없애고 카카오 나무를 심는 등 지속 가능성이 보장되지 않은 방식으로 카카오 경작을 시도했다.

숲의 파괴와 카카오 재배 지역의 이동은 기후변화를 가속화했으며 카카오 재배 환경에 적합한 온도와 습도 조건을 맞추지 못해 해충만 확산되면서 카카오 공급에 차질을 빚게 됐다. 이제 글로벌 초콜릿 생산업체들은 유전자 공학으로 기후변화에 강인한 카카오 종자 개발을 시도하고 있다. 하지만 과연 유전자 조작 초콜릿이 기후변화로 사라질 초콜릿을 대신할 수 있을지는 두고 볼 일이다.

PART 3 기후와 기후변화

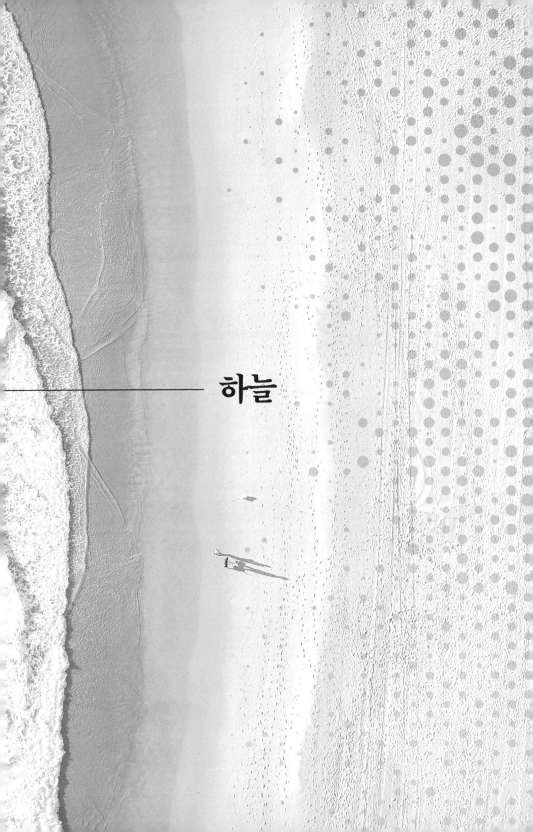

하늘

20

구름 위는
얼마나 추울까?

높은 산에 오르거나 높이 날고 있는 비행기에서 바깥 기온이 몇 도인지 살펴본 적이 있다면 고도가 높아질수록 기온이 낮아진다는 것을 쉽게 이해할 수 있다. 따라서 높이 떠 있는 구름 위에서는 분명히 추울 것이다. 그런데 왜 열에너지의 근원이라 할 수 있는 태양에서 멀리 떨어진 지표면 부근의 기온이 더 높고 태양에 가까운 높은 산이나 구름 위는 기온이 더 낮을까? 태양과 가까운 구름 위가 기온이 더 높아야 하지 않을까 궁금할 수도 있다.

그 이유는 지표면에서 방출되는 지구복사열이 지표면에서 멀어질수록 점점 줄어들기 때문이다. 지구는 태양으로부터 워낙 멀리 떨어져 있어서 높은 산이나 구름 위나 그 거리 차이가 크지 않다. 따라서 태양복사에너지가 거의 일정하다. 반면에 가열된 지표로부터 방출되는 지구복사에너지는 수십 미터, 수백 미터만 거리가 멀어져도 급격히 줄어든다. 맑은 하늘에서는 고도가 1km 높아질 때마다 약 10도씩 낮아지니 구름이 10km 고도에 있다고 하면 지표면 온도보다 100도나 낮아지는 셈이다. 그러나 구름처럼 수증기가 존재하는 경우에는 맑은 하늘의 경우와 달리 고도가 1km 높아질 때마다 5도 혹은 온도에 따라 조금 다른 온도 감소가 나타나기 때문에 단순히 10km 고도에서 100도가 낮아진다고 볼 수는 없다. 따라서 습도 등에 따라 정도는 다르겠지만, 지표면으로부터 올라갈수록 고도에 따라 기온이 낮아지며 대류권 상부인 10km 고도에서는 대략 영하 50~60도에 이른다. 대류권에 존재하는 구름에는 대류권 상부에 높게 떠 있는 구름도 있고, 대류권 하부에 낮게 떠 있는 구름도 있어 구름 위의 기온이 일정하지 않지만 영하 수십 도의 매우 추운 환경임을 알 수는 있다.

그런데 이처럼 고도가 높아지면서 기온이 낮아지는 현상은 **대류권**으로 국한되는 이야기이다. 만약 대류권을 벗어나 **성층권, 중간권** 그리고 가장 바깥쪽 대기인 **열권**까지 올라가면, 대류권에서와는 반대로 고도가 높아질수록 기온이 상승한다. 열권의 기온은 밤과 낮의 차이가 매우 크고 태양 활동에따라 민감하게 변화하는데, 기

기후와 기후변화 - 하늘

체 분자들이 태양 에너지를 받으면서 이온화된 원자 상태로 쪼개지며 열이 발생하고 전리층도 생성된다. 공기가 희박해서 고도가 높아지면 이렇게 열을 발생시킬 기체 분자들이 적어 기온도 낮다.

대류권과 열권 사이에 위치하는 성층권과 중간권의 경계인 성층권 계면(고도 약 50km)에서는 상대적으로 기온이 높아서, 성층권 안에서는 고도에 따라 기온이 증가하고, 중간권 안에서는 고도에 따라 기온이 감소하는데, 이것은 태양복사에너지 중에서 파장이 짧은 자외선을 흡수하는 **오존층**(고도 약 25km)의 역할과 관련이 있다. 자외선을 흡수하면서 산소분자와 산소원자가 결합해 오존을 만들었다가 다시 산소원자 및 산소분자로 나누어지고, 또 다시 결합하는 과정에서 열이 방출되기 때문이다. 오존농도는 오존층에서 가장 높지만 고도에 따라 자외선도 차이를 보이기 때문에 오존농도가 적절히 높으면서 자외선이 풍부한 성층권 계면에서 가장 많은 열이 방출되어 기온이 상대적으로 더 높다.

정리하면 대류권 안에서는 고도에 따라 기온이 감소하다가, 성층권에서는 반대로 고도에 따라 기온이 증가하고, 다시 중간권에서는 감소하고, 열권에서는 증가하는 기온의 수직 구조가 나타난다.

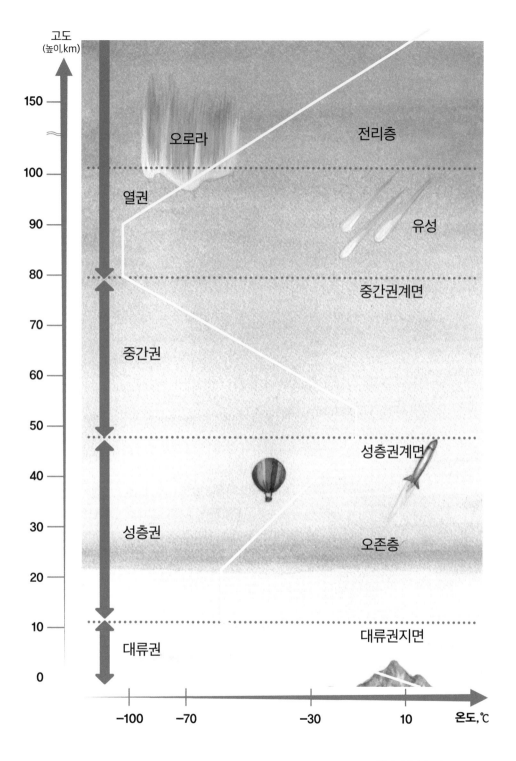

         기후와 기후변화 - 하늘

구름은 어떻게
그리고 왜 각양각색으로 생길까?

하늘의 구름을 관찰하면 높이와 형태가 다 다른데, 이는 생성 원인과 관련이 깊다. 구름은 과연 어떻게 만들어질까? 구름의 종류에 따라 구체적인 생성 방법도 다 다르지만 공통점도 있다. 모두 수증기가 **과포화**되어 응결[21]하거나 승화[22]하며 만들어지는 것이다. 따라서 수증기가 잘 공급되어 과포화 상태에 이르거나 기온이 이슬점[23]

••••

21　응축(condensation)이라고도 하는데, 기체(수증기)에서 액체(물) 상태로 변화하는 것을 말한다. 액체(물)에서 기체(수증기)로 상태가 변화하는 증발(evaporation)의 역현상에 해당한다.

22　영어로는 sublimation. 기체(수증기)에서 액체(물)를 거치지 않고 바로 고체(얼음) 상태로 변화하는 것을 말한다.

23　공기가 포화되어 수증기가 응결할 때의 온도 혹은 불포화 상태의 공기가 냉각될 때 포화되어 응결이 시작되는 온도.

이하로 낮아져 과포화 상태에 이르러 만들어진다. 상승 기류에 의해 높은 고도에 이르면 기온이 낮아지면서 이슬점에 도달하기 때문에 구름이 생성된다. 만약 높은 고도에 이르기 전에 지표면 부근에서 바로 과포화 상태로 응결이 일어나면 구름 대신 안개가 만들어지는데, 이름만 다를 뿐 현상은 동일하다. 해안가에서는 바닷물의 수온과 대기의 기온 차이가 클 때 안개가 만들어지는데, 이를 바다의 안개라는 뜻으로 '해무(sea fog)'라고 한다.

따뜻한 바닷물이 증발하는 적도 부근의 열대 바다에서 구름을 자주 볼 수 있는 이유는 수증기 공급이 원활하고 북반구 무역풍과 남반구의 무역풍이 공기를 한데 모아 높은 고도로 상승하도록 만들기 때문이다. 자연적으로 구름이 생성되는 경우는 모두 상승 기류가 만들어질 때이다. 예를 들면 태풍과 같은 저기압 중심부로 공기가 모여들어서 상승하거나, 산을 향해 부는 바람이 산을 타고 올라가는 상승 기류를 형성하는 경우, 지표면이 가열되어 더워진 공기가 가벼워지면서 상승하는 경우 등이다. 또 차가운 기단24이 따뜻한 기단보다 더 빠르게 이동하면서 아래로 파고 들어가서 더운 공기를 밀어올리는 경우(한랭 전선) 혹은 반대로 따뜻한 기단이 차가운 기단보다 더 빠르게 이동하면서 위로 타고 올라가는 경우(온난 전선)도 구

----

24   넓은 지역에 퍼져 있는 비슷한 성질의 공기 덩어리.

름을 생성한다.

구름은 수증기가 응결한 수십 억 개의 작은 물방울이나 얼음 결정(빙정)으로 이루어져 있다. 그런데 이 물방울과 얼음 결정은 왜 떨어지지 않고 하늘에 떠 있을까? 이 물방울은 반지름이 약 0.02에서 0.05mm로 작고, 대략 1세제곱미터당 0.5g의 물방울을 포함하고 있어서 중력에 의해 아래로 떨어지기는 하지만 마찰 때문에 그 속도가 매우 느리다. 게다가 구름 내부의 상승 기류로 말미암아 이러한 낙하 운동이 상쇄되기도 한다. 구름 속에서 물방울과 얼음 결정은 가만히 떠 있는 것이 아니라 생성과 소멸을 끊임없이 반복한다. 서로 뭉쳐서 달라붙으며 무거워져 얼음 결정이 그대로 떨어지면 눈이 되고, 녹거나 물방울 형태로 떨어지면 비가 되어 내린다. 응결이 쉽게 일어나려면 이 구름 물방울보다 크기가 100분의 1 작은 **응결핵**[25]이 있어야 하는데, 미세먼지가 구름 생성에까지 영향을 미치는 이유가 바로 이 응결핵으로도 작용하기 때문이다. 오늘날에는 공기 중에 인위적으로 드라이아이스나 요오드화은 등의 입자를 살포해 응결핵 작용을 돕는 기술인 인공 강우 기술도 개발하고 있다.

구름의 종류는 매우 다양한데 고도에 따른 수직 발달 정도에 따라 크게 상층운, 중층운, 하층운, 수직운으로 나누고, 여기에 구름

••••
25 응집핵(Cloud Condensation Nuclei, CCN)이라고도 한다. 수증기의 응결을 도와주는 작은 알갱이로 미세먼지나 소금 입자 등이 해당된다.

입자의 상태, 모양과 형태에 따라 다시 10종으로 나눈다. 상층운은 높은 고도에서 볼 수 있는 구름으로 권운, 권층운, 권적운이 있는데, 주로 얼음 결정으로 이루어지고 밝은 흰색이나 옅은 흰색을 띤다. 중층운은 중간 고도에서 볼 수 있는 고층운과 고적운인데, 주로 물방울로 이루어지며 옅은 흰색 또는 밝은 회색을 띤다. 위성 영상에서 종종 얇은 상층운을 중층운과 구별하기 곤란할 때가 있다. 구름의 두께가 두꺼울수록, 그리고 아래에 하층운이 있을수록 중층운이 더 희게 보이는 탓이다. 가장 낮은 고도의 하층운에는 층운(지상까지 도달해 있으면 안개로 분류), 층적운, 난층운(중층운으로 분류하기도 함)이 있는데, 다소 두꺼운 편이며 주로 물방울로 이루어져 있고 대부분 회색을 띤다. 위성 영상에서는 구름 하부의 모습을 알기 어려워 안개와 층운을 구별하지 않기도 한다. 수직운은 넓은 범위의 고도에 걸쳐 수직적으로 발달한 구름으로 적란운, 적운처럼 키가 큰 것이 특징이다.

권운(Cirrus, Ci)은 새털 구름이라고도 하는데, 길게 흐트러진 모습이며 일반적으로 고도 6km 이상의 상층에서 볼 수 있다. 얼음 결정으로 이루어져 있고 흰색을 띠며 수증기가 적어 수분 함량이 매우 적은 편이고 옅은 구름 형태를 보인다. 보통 맑은 하늘에서 잘 나타나며 지상에 비나 눈을 내리지 않으나 저기압 중심에서 멀리 떨어진 전방에 나타나는 특성상 비가 올 징조로 알려져 있기도 하다(실제로는 저기압의 진로에 따라 비가 오지 않거나 오더라도 하루 정도 후에 올 수 있다). 권운처럼 주로 얼음 결정으로 이루어진 **권층운**(Cirrostratus, Cs)도 고도 5~13km로 상층에 나타나는데, 권운과 달리 하늘의 일부 또는 거의 전체라고 볼 정도로 넓은 영역을 엷게 뒤덮는 것이 특징이며 무리구름이라고도 불린다. 해무리나 달무리도 권층운에서 나타나며 그 자체에서 비나 눈이 내리지는 않으나 강수 발생 가능성을 암시하기도 한다. 또 다른 상층운으로 비슷한 고도에서 볼 수 있는 **권적운**(Cirrocumulus, Cc)도 주로 얼음 결정으로 이루어져 있으며, 권운이나 권층운에 비해 다소 뭉쳐 있는 것이 특징이다. 물결 모양이나 생선 비늘 모양처럼 나타나 비늘구름, 털쎈구름 등으로 불린다. 노을과 함께 관측될 때 아름다운 모습의 구름으로 유명하다.

중층운에 해당하는 **고층운**(Altostratus, As)은 고도 2~6km에서 나타나며 주로 물방울로 이루어져 있다. 권층운과 유사하나 고도가 더 낮고 두꺼우며 넓은 범위에 분포하는 특징을 가진다. 태양복사에너지의 대부분을 반사하기 때문에 지상에서 구름 아래 부분을 보면 어둡게 보인다. 또 권층운과 달리 해무리와 달무리를 볼 수 없는데, 구름이 더 두껍고 얼음 결정이 아닌 물방울로 이루어졌기 때문이다. 양떼구름으로도 불리는 **고적운**(Altocumulus, Ac)은 권적운과 유사하지만 고도가 더 낮고 두꺼우며, 일부는 얼음 결정일 수 있으나 대부분 물방울로 이루어져 있는 점이 다르다. 고적운은 고층운과 달리 대기 불안정이 원인이 되어 만들어지며 비를 내릴 가능성은 거의 없고, 권적운처럼 노을과 함께 관측될 때 아름다운 구름으로 알려져 있다.

하층운 중에서 **층운**(Stratus, St)은 안개구름이라고도 불리는데, 실제로 지면과 맞닿는 경우 안개와 같고 수명이 매우 짧은 것이 특징이다. 매우 넓은 영역에서 안정한 공기가 상승하거나 강한 바람에 의한 난류로 형성되기도 하는데, 얇게 발달하면 해무리나 달무리가 나타날 수도 있고, 강수가 발생하는 경우 소나기보다는 이슬비처럼 내린다. 강수 가능성이 높은 구름이라서 비구름이라고도 불리는 **난층운**(Nimbostratus, Ns)은 2~7km 고도에서 잘 나타나고 구름이 두껍게 발달하는 경우가 많아 하층운이지만 간혹 중층운으로 구분되기도 한다. 두꺼운 구름의 특성상 태양복사에너지의 대부분을 반사하거나 산란해 지상에서 보면 회색을 띤다. 지상에서는 층운과 구별이 어려운 경우도 있는데, 이슬비 수준의 매우 약한 비를 동반하는 층운과 달리 난층운에서는 꽤 강한 비가 내린다(단, 여전히 약한 비라서 폭우와는 거리가 있다). 두루마리구름이라고도 부르는 **층적운**(Stratocumulus, Sc)의 구름 밑바닥 고도(운저고도)는 500m 정도로 낮은데, 구름의 두께는 다양해 얇으면 흰색으로, 짙으면 회색으로 보인다. 층적운은 수직운인 적운이나 적란운이 소멸할 때에 주로 발생하며 비가 내릴 가능성은 거의 없다.

기후와 기후변화 - 하늘

마지막으로 수직운에 해당하는 적운과 적란운에 대해 알아보자. 적운(Cumulus, Cu)은 흔히 뭉게구름이라 부르는데, 우리나라에서는 여름철에 자주 나타나며 날씨가 좋을 때에 생기는 구름이라서 흔히 일몰과 함께 사라진다. 적운이 나타나면 다음 날 맑은 날씨를 짐작할 수 있다. 대부분 지표면의 국지적인 가열에 의한 상승 기류로 만들어지며, 500m에서부터 2km까지 다양한 고도에서 나타나는데 심하면 10km까지 성장하는 적운도 있다. 구름이 두꺼워서 키가 큰 구름은 상층부의 얼음 결정과 하층부의 물방울이 공존하는데, 이 경우에는 적란운으로 발달할 가능성이 높다. 적운만으로는 비가 잘 내리지 않는다. 적운보다 훨씬 큰 규모로 키도 크게 발달하는 구름이 적란운(Cumulonimbus, Cb)인데, 대류권과 성층권의 경계인 대류권 계면까지 발달한다. 태풍 중심부의 저기압에서처럼 상승 기류가 매우 강한 경우에 발달하며 악천후의 조짐이 되는 구름이 여기에 속한다. 소나기나 우박과 뇌우를 동반하며, 국지적으로 집중호우를 가져오기도 하고 다소 긴 시간 동안 폭우를 유발하기도 한다. 저기압이 심하게 발달해 토네이도(혹은 우리나라에서는 용오름 형태로 관측)를 만들기도 하며, 대부분의 강수 피해는 적란운에서 유발된다고 할 정도로 악기상의 원인이 된다.

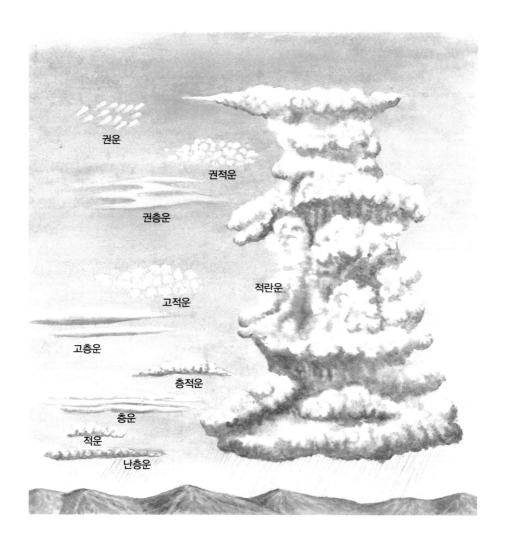

권운

권적운

권층운

고적운

적란운

고층운

층적운

층운

적운

난층운

기후와 기후변화 – 하늘

22

세계에서 비가 가장 많이 오는 곳과
가장 안 오는 곳은?

인도 메갈라야(Meghalaya)주에 있는 **체라푼지**(Cherrapunji, 현지명 은 소흐라: Sohra)는 세계에서 강수량이 가장 많은 마을로 알려져 있 다. 평균 해발 고도가 1,484m인 고지대로 1860년 8월에서 1861 년 7월 사이에 22,987mm의 비가 내렸고, 1973년부터 2017년 (1971~1990년)까지 45년(20년)간 연평균 11,706mm(11,777mm)라는 세계 최대의 연 강수량을 기록했다[26]. 우리나라에서 비가 많이 오 는 편인 섬진강 하구의 연평균 강우량이 1,700mm 정도임을 감안

••••
26 위키피디아, 체라푼지, https://en.wikipedia.org/wiki/Cherrapunji

하면 엄청나게 많은 비가 내렸음을 알 수 있다. 이 지역에서는 우기인 4~9월에 평균적으로 매월 19~29일간 비가 내리며, 이 기간에는 평균 강우량(강수량 중에서 강설량을 빼고 비에 관련된 부분만을 의미한다)이 938~3,272mm에 달하니 명실상부하게 지구상에서 가장 비가 많이 오는 곳이라 할 수 있다. 이때에는 강을 따라 흐르는 유량이 많아져 영화에서나 나올 듯한 멋진 폭포들을 볼 수 있다. 단, 이 기간이 지나 11~12월이나 1~2월이 되면 강우량이 100mm를 넘지 않아 강에 유량이 많지 않다. 실제로 이 마을에는 "지구상에서 가장 비가 많이 내리는 곳(One of the rainiest places on earth)"이라는 간판도 세워져 있다. 비록 분(minute)당 최대 강수량, 시간(hour)당 최대 강수량, 24시간당 최대 강수량은 다른 지역이 최고 기록을 가지고 있지만 연중 혹은 연간 내리는 비의 양만큼은 인도 메갈라야주를 능가하는 지역이 지구상에는 없다.

체라푼지가 위치한 메갈라야주를 포함한 인도 북동부 지역과 방글라데시 일대에 우기가 되면 많은 비가 내리는 것은 바로 **인도양 몬순**[27](Indian Monsoon) 때문이다. 우기인 여름철에는 대륙과 해양의 비열 차에 따라 인도양보다 아시아 대륙이 더 빠르게 가열되며 상승 기류와 저기압이 대륙 쪽에서 우세해 **적도 수렴대**(Inter-Tropical

----

27 계절풍이라고도 하며, 계절에 따라 다른 바람이 부는 것을 의미한다.

기후와 기후변화 - 하늘

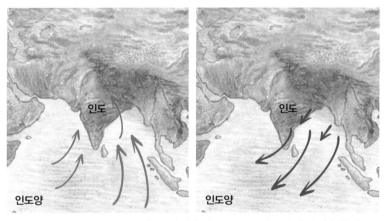

인도양 몬순에 따른 여름철 해풍(인도양에서 대륙 쪽으로 부는 바람)과 겨울철 대륙풍(아시아 대륙에서 인도양 쪽으로 부는 바람).

Convergence Zone)가 인도 북부 평야 지대로 북상한다. 따라서 인도양에서부터 아시아 대륙 방향으로 해풍이 부는데, 다습한 기단이 남서 계절풍을 타고 많은 양의 수증기를 대륙으로 가져온다. 더구나 인도 평원을 지나 히말라야산맥을 만나면서 급격한 지형 변화를 겪으며 상승 기류가 발생하고 이것이 구름을 형성해 많은 비가 내리게 된다. 실제로 해발 1,370m의 카시 언덕(Kasi Hills)을 넘으며 다습한 기단이 만들어 내는 구름은 데칸고원(Deccan Plateau)의 서쪽 사면과 인도-방글라데시 국경 부근에 있는 아삼(Assam)주, 메갈라야주(아삼주에서 독립)에 엄청난 비를 쏟아붓는다. 이 때문에 갠지스강 하류에 위치한 방글라데시에는 매년 여름 홍수로 국토의 3분의 2가 잠겨 수백만 명의 수재민이 발생하기도 한다. 반대로 겨울철에는 풍향이 바뀌어 아시아 대륙에서 인도양 쪽으로 부는 대륙풍(북동 계절풍)이 우세해지며, 건조한 기단의 영향을 받아 비가 잘 내리지 않는다.

체라푼지와는 반대로 칠레 최북단의 **아리카**(Arica)주 일대의 사막지역은 세계에서 가장 비가 내리지 않는 곳으로 유명하다. 어지간한 사막에도 가끔씩은 비가 내려 오아시스가 만들어지는데, 이 지역에는 과거 한때 91년 동안 단 한 번도 비가 내리지 않았다고 하니 그야말로 사막 중의 사막이다. 남미 대륙의 안데스산맥 서쪽에 위치한 아타카마(Desierto de Atacama) 사막은 연 강수량이 20mm에 불과해 아프리카 북부의 사하라 사막(Sahara Desert)이나 미국 캘리포니아주의 데스밸리(Death Valley), 몽골-중국의 고비 사막(Gobi Desert)보다도 더 건조하다. 따라서 세계에서 가장 건조한 사막이자 가장 비가 안 오는 곳으로 알려져 있다.[28]

비가 안 오며 밤낮의 기온 차(일교차)가 극심해서 동식물이 거의 살지 못하며 미생물조차 찾아보기가 어렵다. 이렇게 건조하고 더운 지역이지만 사람들은 사막 기후에 적합하도록 흙과 짚을 엮어 만든 벽돌을 쌓아 올리는 어도비(Adobe) 양식으로 흙집들을 지어 조그마한 마을을 이루어 살고 있다. 아타카마 사막에서 가장 아름다운 일

••••
28 위키피디아, 아타카마 사막, https://en.wikipedia.org/wiki/Atacama_Desert

기후와 기후변화 - 하늘

아타카마 사막에 있는 달의 계곡.

물을 볼 수 있는 언덕인 '달의 계곡'은 바위와 깊은 모래 언덕, 그리고 운석으로 만들어진 구멍이 어우러져 달이나 화성에 버금가는 풍경을 자아내며 관광객을 끌어 모으고 있다. 또 이 지역은 일 년 내내 온난하고 건조하며 맑은 대기를 유지하는 덕분에 지상에 거대 망원경을 설치할 최적지로 꼽히며 별을 관측하기 가장 좋은 곳으로도 알려져 있다.

칠레는 남북으로 4,300km나 길게 뻗어 있는 국가인데, 위도 범위도 넓고 고산지대도 있다 보니 국가 안에서 최소 7개의 서로 다른 기후대가 나타난다. 아타카마 사막이 위치한 북부와 중부는 대체로 온난 건조한 편하지만 남부는 고위도로 갈수록 습하고 서늘하다. 북부 사막 지대는 아열대성 기후를 보이고, 중부 지방은 지중해성 기후로 여름에 건기, 겨울에 우기가 나타나며, 남부 지방은 한랭한 서안 해양성 기후로 강우량이 풍부해 북부와 달리 폭우와 강풍도 자주 나타난다.

북부 사막 지대에서 온난 건조한 기후를 보이는 것은 동쪽에 위치한 거대한 안데스산맥과 서쪽에 위치한 남태평양에 흐르는 훔볼트 해류(Humboldt Current)로 알려진 한류(cold current) 때문이다. 안데스산맥은 지구상에서 가장 길게 뻗어 있는 산맥이자 아메리카 대륙에서 가장 해발고도가 높아, 동쪽의 비구름이 칠레 북부 사막 지대로 넘어오는 것을 막아 준다. 또 칠레 해안을 따라 북쪽으로 흐르는 훔볼트 해류는 남부의 차가운 바닷물을 북쪽으로 이동시키고 연안 표층에는 차가운 바닷물이 용승(upwelling)해 그 위에 있는 대기를 냉각시킨다. 이렇게 차가워진 하층 대기가 기온 역전층을 만들어 상승 기류와 저기압 발생을 막아 구름 없는 맑은 날씨(고기압)가 이어진다. 따라서 칠레 북부 사막 지대에는 비가 거의 내리지 않는다.

23

계절이 바뀌지
않는 곳도 있을까?

생텍쥐페리의 소설 《어린 왕자》에 나오는 어린 왕자는 B612 행성에 없는 계절 변화가 지구를 아름답게 만드는 것이라 표현했다는데, 지구에서 낮과 밤뿐 아니라 계절을 볼 수 있는 이유는 자전축이 23.5도 기운 상태로 태양 주변을 공전하면서 태양복사에너지를 많이 받는 때와 적게 받는 때가 생기기 때문이다. 중위도에 위치한 우리나라(북위 33-42도)에서는 태양의 고도가 여름철에 높고 겨울에는 낮아져서 같은 위치의 같은 시간에도 여름보다 겨울에 더 긴 그림자를 볼 수 있다. 태양 고도가 낮을수록 비스듬하게 빛을 비추어 그림자가 더 길어지는 것이다. 우리나라에서만 그런 것이 아니라 지구상의 어느 위치에서나 연중 태양의 고도가 높은 때가 있고 낮은 때가 있어서 계절 변화가 나타난다. 북극이나 남극 주변의 고위도(북위 66.5도 이북, 남위 66.5도 이남)에서는 심지어 해가 뜨지 않고 밤만 지속되거나 반대로 해가 지지 않고 낮만 계속되는 극단적인 계절 변화가 나타나기도 한다. 따라서 지구상의 어디에서나 태양 고도 차이에 따른 연교차가 발생한다고 할 수 있다.

자전축이 기운 상태로 지구가 태양 주변을 공전하다 보면 북반구 기준 여름철에 해당하는 하지(6월 21~22일경)에는 태양 고도가 가장 높은 곳이 적도가 아니라 위도가 북위 23.5도인 곳에 해당하고 전반적으로 남반구보다 북반구에서 더 오래 더 높은 고도의 해를 볼 수 있다. 북반구 중위도에 위치한 우리나라에서도 일 년 중 하짓날 낮의 길이가 가장 길어서 서울의 경우 약 14시간 30분 동안 해를 볼 수 있다. 반대로 동지(12월 21-22일경)에는 남위 23.5도에서 가장 높은 태양 고도가 나타나며 북반구보다 남반구에서 더 오래 더 높은 고도의 해를 보게 된다. 동짓날에는 우리나라 낮의 길이가 약 9시간 40분 정도로 짧아진다. 당연히 해가 더 오랜 시간 동안 더 높이 떠서 같은 면적에 더 많은 태양복사에너지를 공급하는 여름철에 따뜻하고, 해가 더 짧은 시간 동안 낮게 떠서 비스듬하게 비추어 더 적은 태양복사에너지를 공급하는 겨울철에는 추워지는 계절 변화가 나타난다. 하지와 동지 사이에 있는 추분과 춘분에는 적도에서

기후와 기후변화 - 하늘

태양 고도가 가장 높으며 북반구와 남반구가 태양복사에너지를 정확히 절반씩 나누어 가진다. 북반구에 있는 우리나라에서는 하지가 여름철이지만 남반구에서는 태양복사에너지가 적게 공급되는 겨울철에 해당한다. 즉 북반구와 남반구는 계절이 서로 정반대가 되는데, 예를 들면 남반구에 위치한 호주, 뉴질랜드, 남아프리카공화국 등에서는 뜨거운 여름에 성탄절을 맞아 태양열을 식히며 바닷가에서 산타클로스 복장을 하고, 추운 6~10월에 스키장을 개장해 겨울을 즐긴다.

지구상의 어디에서나 태양 고도 차이로 인한 계절 변화가 나타나지만, 모두 사계절이 뚜렷한 것은 아니다. 중위도에 위치한 한반도에서는 사계절이 뚜렷해서 더운 여름, 추운 겨울, 선선한 봄과 가을을 당연하게 생각하는 경향이 있다. 하지만 사실 지구상의 모든 지역에서 사계절이 뚜렷한 것도 동일한 것도 아니다. 북반구와 남반구에서 계절이 정반대인 것 외에도 북위 66.5도 이북이나 남위 66.5도 이남에서 밤만 계속되거나 낮만 계속되는 현상이 나타나는 것도 중위도와는 다른 계절 변화를 만드는 요인이며 연중 기온이 낮은 편이라 여름철을 경험하기는 매우 어렵다. 고위도와 달리 저위도에서도 태양 고도와 일조 시간이 연중 변화를 겪기는 하지만 해가 항상 높은 고도에 오랜 기간 떠 있으면서 태양복사에너지를 많이 공급하기 때문에 추운 겨울이 잘 나타나지 않는다.

또, 대륙과 해양의 비열 차로 발생하는 몬순(계절풍)의 영향으로 우리나라를 비롯한 대륙의 동남부[29]에서는 대륙의 영향을 많이 받아 한랭 건조한 겨울이 되었다가 반대로 해양의 영향을 많이 받아 고온 다습한 여름이 되는 전형적인 계절 변화가 뚜렷하다. 반면, 해양성 기후가 두드러지는 대륙의 서부[30]에서는 대체로 연중 온화하고 건조한 여름과 습윤한 겨울이 나타나 전혀 다른 계절 변화를 보인다. 예를 들면, 비가 잘 오지 않는 건조 기후 지역에 있으며 지중해성 기후를 보이는 이집트[31]에는 몇 년 동안 비가 전혀 오지 않는 지역도 있으며 기온이 높고 건조한 4~10월이 여름철, 낮에는 덥고 밤에는 좀 서늘하며 약간의 비도 내리는 11~3월이 겨울철이다.

열대에 가까운 기후를 보여 **아열대 기후**가 나타나는 온대와 열대의 중간 지역에서는 열대 지역보다 고위도에 있어 태양 고도 차이에 의한 계절 변화를 볼 수는 있지만, 온대 지방처럼 사계절의 변화가 뚜렷하지 않다. 기온의 연교차가 매우 심해 무더운 여름과 꽤 추운 겨울만 있을 뿐이다. 그런데 온대 지방에 있어서 사계절이 뚜렷한 우리나라도 기후변화로 점점 봄과 가을의 구분이 모호해지며,

----

• • • •

29   유라시아 대륙 동부에 위치한 동아시아, 유라시아 대륙 남부에 위치한 인도, 북미 대륙 동부에 위치한 미국과 캐나다 북동부, 아프리카 대륙 동부 등.

30   유라시아 대륙 서부에 위치한 유럽, 북미 대륙 서부에 위치한 미국과 캐나다 서부, 남미 대륙 서부에 위치한 페루와 칠레, 아프리카 대륙 서부 등.

31   쾨펜의 기후 분류에 따르면 대부분 사막 기후(BWh)에 해당한다.

기후와 기후변화 - 하늘

평균 기온이 상승하면서 아열대 기후로 변하고 있다. 이미 제주도에서 유명하던 한라봉이 한반도 남부 지방에서 재배되고, 서울에서 바나나가 열린다. 사과 최적 생산지가 예산, 충주, 대구 등에서 경기 북부 지방으로 이동해 포천에서 양질의 사과를 재배하는 등 아열대 기후로 변화하고 있다. 또 여름철 강수량은 증가하는 반면 겨울철 강수량은 적어지며 강수량의 연교차가 심해지는 것도 이 때문이다. 따라서 아열대성 병충해를 비롯한 각종 문제에 대처하며, 계절 변화까지 바꾸어 버리는 전반적인 기후변화에 잘 대응해야만 할 것이다.

24

온실가스는
어떻게 늘어날까?

대기 중 온실가스 농도가 증가하면 **온실효과**(greenhouse effect)로 **지구온난화**(global warming) 같은 기후변화가 발생한다. 실제로 하와이 마우나로아 관측소(Mauna Loa Observatory)에서 오래 전부터 대기 중 이산화탄소 농도를 측정해 왔는데, 지난 수십 년간 지속해서 그리고 빠르게 상승해 오랜 지구의 역사에서 볼 수 없었던 수준까지 도달했다. 오늘날 대기 중 이산화탄소 농도는 이미 400ppm을 넘어 회복 불가능한 기후변화가 초래될 것으로 우려하는 450ppm 수준에 근접하고 있다. 이처럼 전례를 찾을 수 없을 정도로 온실가스 농도와 지구 평균 기온이 급등한 것은 본격적인 인류 활동으로 온실가스 배출량이 급증하기 시작한 약 100여 년 전부터의 일이다. 오랜 인류 문명사와 그보다 더 오랜 지구의 역사에 비해 상대적으로 매우 짧은 기간이라 할 만한 지난 100년간 도대체 인류는 어떤 활동을 통해 얼마나 온실가스 배출을 늘인 것일까? 대기 중 온실가스 농도는 어떻게 회복 불가능한 수준에 가까울 정도로 높아진 것일까? 오늘날 어느 나라가 얼마나 온실가스를 배출하고 있을까?

마우나로아 관측소처럼 온실가스 농도만 측정하는 방식으로는 이러한 질문에 답할 수 없고, 온실가스 농도 증가의 원인이 되는 온실가스 배출량을 파악해야만 할 것이다. 오늘날 가장 뚜렷한 온실가스 배출원은 산업혁명 후 크게 늘어난 석탄, 석유, 천연가스 등의 화석 연료다. 국제에너지기구(International Energy Agency, IEA)에서는 지구 평균 기온 1도 상승 중에서 0.3도 이상을 석탄 화력 발전에 따른 것으로 추산할 정도로 화석 연료 중에서도 석탄 사용을 탄소 배출의 가장 큰 문제로 꼽는다.

오늘날 대기 중으로 배출되는 수백 억 톤 이상의 탄소 중에서 약 15%가 석탄, 약 12%가 석유, 약 7%가 천연가스 사용에 따른 것이라고 한다. 사실 화석 연료는 세계 경제 발전의 원동력이었고 현재도 세계 에너지의 약 80%를 차지하고 있다. 따라서 탄소 같은 화석 연료 사용을 줄이는 과정이 그리 순탄하지만은 않을 것임이 분명하다. 자본주의 속성상 이윤 추구를 위한 생산 활동은 필수이며 화석

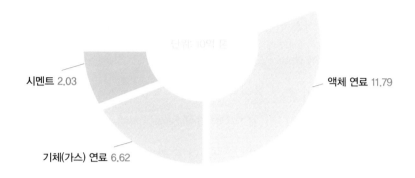

고체 연료 15.15

단위: 10억 톤

액체 연료 11.79

시멘트 2.03

기체(가스) 연료 6.62

연간 이산화탄소 원인별 배출 현황. (이산화탄소 정보 분석센터 유럽연합/Our World in Data2013제공, 수정)

연료를 에너지원으로 사용하므로 자본주의가 발달한 나라에서 탄소 배출도 많을 수밖에 없다. 오늘의 문명은 탄소가 만들어 낸 것이라 해도 과언이 아닐 것이다. 국가별로 비교해 보면 인구수로는 전세계 인구의 14%에 불과한 미국, 서유럽, 캐나다, 호주, 일본 등 23개 선진국이 1850년 이후 이산화탄소양의 60%를 배출했다. 현재는 중국, 미국, 서유럽, 인도 및 중국 외 아시아 등에서 높은 배출량을 기록하고 있다. 태양광 등 여러 재생 에너지 개발 노력과 빠른 성장세에도 불구하고 석탄 화력 발전은 전 세계 에너지 수요에 부응해 여전히 높은 비율로 탄소를 배출하고 있다. 또 세계 100대 기업의 탄소 배출량이 1988년부터 2015년까지 배출된 전체 탄소 배출량의 70%를 넘어설 정도로 거대 자본의 경제 활동과 탄소 배출량은 매우 밀접한 관계에 있다.

자연적인 기후 변동성의 범위를 넘어 인위적 기후변화를 만들어 낸 것이 인간 활동이었으니 이것을 해결하는 것도 당연히 인간의 몫이다. 영국의 천재 물리학자 스티븐 호킹(Stephen William Hawking) 박사는 세상을 떠나기 전 "인류 멸망을 원치 않는다면, 200년 안에 지구를 떠나라."라고 말했다. 그러나 우리는 지구를 떠날 능력도 그럴 자격도 없다. 특히 지금의 기성 세대는 기후변화를 인식한 첫 세대이자 이를 해결할 수 있는 유일한 세대이다. 화석 연료 사용을 획기적으로 줄이고 재생 에너지 상용화 비율을 높이는 것은 물론 각종 교통 수단과 경제 활동을 위한 산업 방식을 뿌리째 바꾸어 탈탄소 문명을 새로 만들어야만 한다. 또 이산화탄소를 흡수하는 육상과 해양의 자연 생태계를 회복해야 하며 무엇보다 기후변화를 감시하고 대응하는 역량을 높여서 지속 가능한 지구 환경을 다음 세대에 물려주어야 한다. 건강과 지구 환경 문제뿐 아니라 기후 문제에까지 악영향을 미치는 육식 위주의 식단을 바꿔야 한다는 목소리도 높다. 모두가 채식주의자나 비건(vegan)이 되어야 하는 것은 아니지만 육류 소비를 줄여 공장식 축산 방식에 따른 지구 환경 파괴와 탄소 배출을 줄이는 것은 지구 환경 회복에 보탬이 될 것임이 분명하다. 국제 사회가 기후변화협정을 체결하고 각국이 2050년 전후로 탄소 중립을 선언하고 있다. 하지만 선언만으로는 저탄소 사회로의 대전환이 이루어질 수 없다. 따라서 탄소 순배출량을 조기에 없앨 수 있는 구체적인 이행 계획을 세우고 지속적으로 점검 및 보완하는 노력이 앞으로 점점 더 중요해질 것이다.

25

미세먼지가 증가하는 것도
기후변화 때문일까?

　진 세계가 코로나19 바이러스 팬데믹에 빠져 곳곳이 봉쇄되고 경제 활동이 크게 둔화되기 전까지만 해도 우리 사회에서 큰 이슈는 미세먼지였다. 2018년에는 재난안전법상의 정식 사회 재난으로 발의되었고 2019년에 가결되어 재난으로의 지위가 인정되기도 했다. 흔히 미세먼지와 초미세먼지로 알려진 작은 입자의 에어로졸(aerosol)32은 대기를 오염시켜 시정과 미관을 해친다. 특히 초미세먼

....
32　연무질이라고도 하는데, 대기 중 입자상 또는 액체상의 물질 중 H_2O 형태의 수증기와 물을 제외한 모든 물질을 의미한다. 자연적으로 만들어지는 황사도 있지만 산업 활동 과정에서 인공적으로 만들어지는 대기 오염 물질들은 인체에 유해하므로 문제가 된다.

지는 인체에 깊이 침투해 각종 호흡기 질환을 일으킨다.

자동차 배기가스가 주 원인이던 로스앤젤레스 스모그(Los Angeles Smog, LA Smog)나 석탄 사용이 원인이 되어 1만 명 이상을 죽음으로 내몬 최악의 대기 오염 사건인 1952년 런던 스모그(London Smog 또는 그레이트 스모그 Great Smog)를 경험한 선진국은 이미 오래 전부터 관련 규제를 강화해 왔다. 최근에는 중국을 비롯한 동아시아에서도 극심한 대기 오염을 경험하며 규제 강화에 나서고 있다. 고농도 미세먼지에 3일간 노출되면 인구 100만 명의 도시를 기준으로 1,000명의 천식 환자가 더 발생하고 사망자가 4명 늘어난다고 하니 중요한 지구 환경 문제임이 분명하다. 그러나 오늘날 우리는 인위적 기후변화로 대표적인 지구온난화를 일으킨 주범으로 이산화탄소나 메탄 등의 온실가스를 꼽을 뿐 에어로졸을 탓하지는 않는다. 사실 에어로졸은 지구온난화가 아니라 오히려 지구냉각화에 기여하기 때문이다. 즉 대기 오염 문제와 기후에 미치는 영향은 구분해서 생각할 필요가 있다.

산업 활동 과정에서 인위적으로 배출하지 않더라도 사막화 진행으로 늘어난 모래 입자가 상공으로 솟아오르거나, 산불이나 화산 폭발 시 분출된 물질들이 기류를 타고 지구촌 곳곳으로 이동하며 에어로졸 농도를 높이기도 한다. 그런데 검은 에어로졸은 태양복사 에너지를 흡수해 온실효과에 기여하는 반면, 대부분의 에어로졸 성

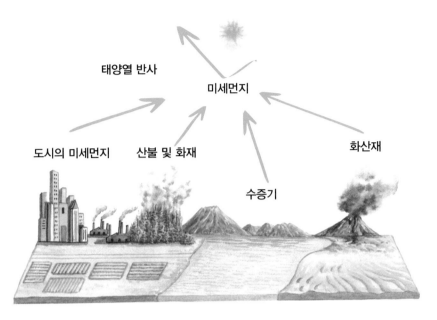

미세먼지와 기후의 관계.

분들은 태양복사에너지를 차단해 지구냉각화에 기여한다. 우주로
빠져나가는 지구복사에너지를 막아 온실효과를 일으키는 온실가스
와는 반대로 작용하는 셈이다.

대표적인 예가 필리핀 피나투보 화산 폭발로 분출된 이산화황이
성층권에서 태양복사에너지를 차단해 지구 평균 기온을 1년 동안
0.5도 낮춘 것이다. 이렇게 미세먼지의 **지구냉각화** 효과로 온실효
과를 어느 정도 상쇄하지 않았다면 인류가 그동안 배출한 온실가스

로 인해 지구 평균 온도는 이미 지금의 1도 수준보다 훨씬 더 높아
졌을 것이다.

에어로졸은 직접적인 태양복사에너지 차단 외에도 구름 형성에
관여해 간접적인 방식으로 기후에 영향을 미친다. 특히 최근 연구
는 대기 오염을 만드는 에어로졸의 지구 냉각 효과가 예상보다 더
크다는 결과를 보여주는데, 이 때문에 온실가스에 의한 지구온난화
효과 역시 저평가되었을 수 있다. 에어로졸 입자가 많이 포함된 구
름은 많은 수분을 머금은 채로 비를 내리지 않고 오래 대기 중에 머
물며 넓은 지역을 덮어 태양복사에너지를 더 많이 차단하고 지구
평균 온도를 그만큼 더 낮춘다. 에어로졸이 예상보다 지구를 냉각
시키고 있음에도 지구온난화가 진행되는 것은 온실가스로 인한 온
실효과가 더 강력함을 시사한다. 하지만 또 다른 가설로 에어로졸
이 고도 10km 안팎의 상층운에 주로 갇혀 있을 가능성도 논의된
다. 대기 오염을 완화하기 위해 오염 물질 배출을 줄이려는 노력이
한창인데, 에어로졸 농도가 줄어드는 만큼 온실가스 배출을 빠르게
줄이지 못하면 자칫 지구냉각화 효과만 줄어들어 더욱 심한 온난화
를 맞이할 수도 있다. 오늘날까지도 많은 기후 모델들이 태양복사
에너지와 구름 형성에 관여하는 에어로졸의 영향을 정확하게 반영
하지 못하고 있으므로 앞으로 지속적인 연구가 이루어져야 한다.

코로나19 팬데믹으로 곳곳이 대규모 봉쇄에 들어가고 산업 활

동이 크게 위축되었던 기간에는 전반적인 에어로졸 농도가 급격히 줄어들었다. 과학자들은 이것을 에어로졸 연구를 위한 좋은 기회로 보고 있다. 에어로졸 농도가 높은 경우와 줄어든 경우의 발생 현상을 비교해 인간 활동이 가져오는 영향을 좀 더 정확하게 진단할 수 있기 때문이다. 또 지역마다 다른 에어로졸 배출원을 정확히 파악하기 어려웠는데, 코로나19로 에어로졸 농도가 감소하면서 어느 지역에서 얼마나 에어로졸이 생성되는지 파악할 수 있게 되었다. 에어로졸 농도 변화 전후의 차이와 함께 어떤 활동으로 어떤 배출원에서 에어로졸이 얼마나 생성되는지 등을 더욱 정밀하게 조사할 수 있게 되었다. 예를 들면 코로나19 팬데믹 초기, 중국에서 발전소와 운송 부문 등이 다른 부문보다 훨씬 많이 폐쇄되었는데, 이것이 동아시아 에어로졸 생성과 확산 및 분포에 어떤 영향을 미쳤는지 연구하게 된 것이다. 이러한 에어로졸 효과 연구는 기후 모델의 정확도를 향상시켜 미래 기후에 대한 예측도 역시 높일 것으로 기대된다.

26

지구 온도가 겨우 1도 올랐을 뿐인데
왜 위기라고 할까?

기후변화를 이야기할 때 가장 흔히 언급하는 것이 지구온난화(global warming)인데, 산업혁명 이후 인류가 배출하는 온실가스양이 증가하며 온실효과로 지구 평균 기온이 1도 올랐다는 것이다. 이러한 **인위적 기후변화**는 자연 변동성의 범위를 넘어 전례 없는 급격한 변화라고 한다. 그런데 겨우 1도 오른 것을 두고 왜 이토록 과민하게 반응할까? 온도 1도 오른 것이 정말 그리 큰 변화인지 의심스러운 생각이 들 수 있다. 1도의 차이는 피부로 느끼기도 어렵고, 하루 안에도 일교차가 10도를 넘을 때가 비일비재하며, 계절 변화에 따라 기온이 20~30도 넘게 차이가 나기도 하는데 1도 오른 것을 급격한 변화라고 하는 것이 이상하지 않은가?

　이러한 의문은 기후와 기상(날씨)을 혼동하는 데에서 비롯한다. 장기간의 평균적인 상태를 의미하는 기후에서의 1도는 시시각각 변화하는 기상에서의 1도와는 의미가 완전히 다르다. 매일 아침마다 기온이 크게 떨어지지만 매년 1월의 아침 최저기온을 수십 년 동안 평균해 비교했을 때는 작은 차이만 보여도 기후에서의 차이를 의미하므로 매우 중요한 의미를 갖기 때문이다. 예를 들어, 영상 30도와 영하 30도를 오르내리는 큰 변화가 있더라도 이를 평균하면 0도가 된다. 하지만 다시 영상 31도와 영하 29도를 오르내리는 큰 변화로 바뀌어 그 평균값이 영상 1도가 되면 평균 상태가 1도 오른 '큰' 변화인 셈이다. 세계기상기구의 기후 정의는 흔히 30년간의 평균값을 기준으로 삼는데, 1990년 전후로 30년간의 평균과 2010년 전후로 30년간의 평균이 차이를 보인다면 기후가 변화했다고 이야기한다. 또 지구온난화로 단순히 평균 기온만 1도 오른 것으로 오인해서는 곤란한데, 평균이 오르면서 일정한 편차를 유지한다고 해도 극값의 빈도가 달라질 수 있다. 예를 들어, 1990년대에는 평균 기온이 섭씨 10도로 낮았던 특정 지역에서 섭씨 30도를 넘기는 무더운 날이 연중 7일이었다고 하면, 2020년대에는 같은 지역에서 지구온난화로 평균 기온이 섭씨 11도로 1도 오르면서 섭씨 30도를 넘기는 무더운 날도 연중 15일로 늘어날 수 있는 것이다. 실제로 기후변화에 따라 폭염(혹서 또는 무더위)이나 한파(혹한) 같은 극한 기온, 폭우·폭설(대설)이나 극심한 가뭄과 같은 극한 강수량이 더 자주 나타나는 지역이 속출하고 있다. 아울러 산불, 홍수, 산사태, 태풍, 해일 등 각종 자연 재해가 발생하는 것은 물론 육상과 해양의 생태계까지 심각하게 변화해 인류의 생존을 위협하는 등 단순히 온도가 조금 오르고 마는 차원의 변화가 아님을 여실히 보여주고 있다.

또 한 가지 고려할 사항은 지구 평균 기온이 1도 오른다는 것은 지구상의 모든 위치에서 균일하게 1도씩 오르는 것을 의미하지 않는다는 점이다. 우리나라에서 한낮에 태양복사에너지를 많이 받으며 지표가 가열되는 동안, 지구 반대편은 한밤중이어서 지구복사에너지가 우주로 많이 방출되며 지표가 냉각되어 기온이 크게 떨어진다. 또 북반구에 위치한 우리나라에서 한겨울에 태양복사에너지 유입이 적어 기온이 내려가는 동안, 남반구에서는 한여름을 맞이해 태양복사에너지 유입이 많아져 기온이 올라간다. 즉 지역적으로 상당히 큰 기온 차이가 나타나도 전 지구적으로 평균하면 거의 일정한 온도를 유지한다. 그런데 문제는 본격적인 인류의 산업 활동과 온실가스 농도 증가로 지구 평균 기온은 1도 상승했지만, 지구온난화가 훨씬 빠르게 진행되며 이미 2도 이상 오른 지역도 있는 등 공간적으로 균일하지 않은 온도 상승을 보인다는 점이다. 우리나라가

속한 동아시아 역시 1.5도를 넘어 빠르게 온난화되는 지역 중 하나이다. 이렇듯 지역적 편차가 심해지면 기후 시스템이 변화하고 해양과 대기의 순환이 교란되어 전례 없던 기후를 만들어 내는 등의 연쇄 작용이 생길 수 있다. 지구온난화로 북극해 **해빙**(sea ice)이 녹자 태양복사에너지 흡수에 속도가 붙어 북극해가 빠르게 온난화되는 북극 증폭이 발생하고, 북반구에서 적도와 북극 사이의 기온 차가 감소하면서 고위도 상공의 제트기류 경로가 불안정해지며 심하게 사행(meandering)하게 되어, 북반구 중위도 지역에 한파가 발생한 것이 대표적인 예이다.

27

지구에 봄과 가을은 사라지고
여름과 겨울만 남을까?

계절의 변화가 나타나는 것은 지구 자전축이 23.5도 기울어진 채로 태양 주변을 공전하기 때문이다. 물론 자전축도 아주 오랜 시간에 걸쳐 변화했고 이에 따른 자연적 기후 변동성까지 연구되고 있다. 그러나 그 주기가 매우 길어서 적어도 수십 년간은 23.5도의 기울기를 유지한 채 태양 주변을 공전할 것이므로 **태양 고도의 계절 변화**는 앞으로도 거의 일정할 것이다. 북반구 중위도에 위치한 우리나라에서도 현재와 같이 낮이 긴 하지에는 태양 고도가 높아 오랜 시간 높이 떠서 같은 면적에 더 많은 태양복사에너지를 공급해 따뜻한 여름을 맞이할 것이고, 반대로 낮이 짧은 동지에는 짧은 시간 동안 낮게 떠서 비스듬히 비추니 같은 면적에 더 적은 태양복사에너지를 공급해 추운 겨울을 맞이할 것이다. 즉 여름에 덥고 겨울에 추운 계절 변화가 앞으로도 유지될 것이라는 뜻이다. 그리고 하지와 동지 사이에 있는 추분과 춘분에는 북반구와 남반구에서 태양복사에너지를 정확히 절반씩 나누어 가지니 여름보다 서늘하고 겨울보다 따뜻한 가을과 봄이 찾아올 수 있다. 태양복사에너지가 지표면(그리고 해표면)을 가열하는 정도가 연변동을 하는 것은 앞으로도 큰 변화가 없을 것이라는 의미이다. 그러나 계절, 특히 사계절의 변화는 태양복사에너지의 연변동만으로 결정되는 것이 아니다. 대기 중 온실가스 농도가 계속 증가하고 지구 평균 기온이 상승하는 인위적인 기후변화와 지구온난화가 지속되는 한 여러 이유로 우리나라처럼 북반구 중위도에 위치한 국가에서는 전과 같은 뚜렷한 사계절을 보기가 어려울 수도 있으며, 실제로 이러한 변화가 진행 중이다.

쾨펜의 기후 분류나 쾨펜-가이어 기후 분류에는 포함되어 있지 않으나, 온대와 열대의 중간 지역에는 열대 지역보다 고위도에 위치해 태양 고도 차이에 따른 계절 변화를 볼 수는 있지만 온대 지역처럼 사계절의 변화가 뚜렷하지 않은 **아열대 기후**가 나타난다. 아열대 기후에서는 고온기와 저온기의 구분만 가능하며 매우 심한 기온의 연교차를 보이므로 더운 여름과 추운 겨울만 존재한다. 지구온난화로 온대 기후 영역은 넓어지고 냉대 기후 영역은 줄어드는데, 그 중간의 아열대 기후 지역은 더 고위도 방향(북반구에서는 북쪽, 남반구에서는 남쪽)으로 이동할 것이다. 따라서 우리나라도 높은 산간 지방을 제외한 대부분의 지역이 점차 아열대화될 것으로 전망된다.

실제로 온대 기후와 냉대 기후가 모두 나타나며 사계절이 뚜렷했던 우리나라도 기후변화로 봄과 가을의 구분이 모호해졌으며, 평균 기온이 지구 평균보다도 빠르게 상승하면서 아열대 기후로 바뀌고 있다. 특히 남해안과 동해안의 아열대화가 두드러지고 있으며, 앞으로 수십 년 안에 주요 산간 지방을 제외한 내륙 깊숙한 지역이 대부분 아열대화될 것이다. 이미 제주도에서 유명하던 한라봉이 한반도 남부 지방에서 재배되고, 열대 기후에서나 자라는 바나나가 내륙에서도 열리기 시작했다. 사과 최적 생산지가 예산, 충주, 대구 등에서 경기 북부 지방으로 이동하면서 포천에서 양질의 사과를 재배하는 등 아열대 기후로의 변화가 한창이다. 또 여름철 강수량은 증가하는 반면 겨울철 강수량은 줄어 강수량의 연교차가 심해지는 것도 아열대 기후로의 변화를 보여준다. 물리적인 환경뿐 아니라 자연 환경에 적응해서 살아가는 생태계 전반에서도 변화가 나타나고 있다. 예를 들면, 각종 열대 바이러스와 곤충, 아열대성 병충해 등이 늘면서 이에 대한 대응이 중요해졌다. 기후변화를 잘 감시하고 그 과정을 제대로 이해하며 적응 방안을 마련하지 않으면 기후재앙에 따른 피해가 기하급수적으로 증가할 것이다.

기후와 기후변화 - 하늘

28

폭염은
앞으로 더 심해질까?

　강원도 홍천이 갑작스런 유명세를 탄 적이 있다. 2018년 여름 춘천기상대 관할 홍천기상관측소에서 낮 최고 기온이 섭씨 41도를 기록해, 100여 년의 한국 기상 관측 사상 공식 관측으로 대구의 낮 최고기온을 경신했기 때문이다. 원래 과일 농사를 상상도 하기 어려웠던 홍천군이 사과 주산지로 바뀌는 등의 변화가 나타난 것은 기후변화에 따른 지구온난화 효과로 이해되는데, 대구보다도 더 더운 지역이 된 것은 그저 우연한 한 차례의 기상이변이었을까? 과연 폭염도 기후변화로 말이암아 앞으로 더 심해질까?

　불볕 더위, 무더위, 찜통 더위, 가마솥 더위와 같이 다양한 순우리말 표현을 가지는 것에서 짐작할 수 있듯이, **폭염** 혹은 혹서는 중위도 온대 기후와 냉대 기후가 나타나는 한반도에서 과거부터 발생해 왔던 현상이다. 특히 1994년 폭염은 아스팔트 바닥에서 계란 프라이가 가능할 정도로 전설적인 가뭄과 함께 찾아온 무더위로 유명하다. 일부 과학자들은 1994년 전후로 동아시아 몬순 특성에 변화가 생겼다고 주장하는데, 실제로도 1990년대 중반을 기점으로 우리나라 주변 바다의 순환과 해양-대기 사이의 열교환에 기후가 급작스럽게 달라지는 변이를 보인다. 1994년 여름 당시에는 오랜 가뭄으로 습도 역시 매우 낮아 체감온도가 더욱 높았으며 폭염에 대한 사회적 대비가 거의 전무했던 터라 피해도 속출했다. 가정용 에어컨 수요가 늘어나기 시작한 계기도 당시 폭염과 무관하지 않아 보인다. 그러나 2016년 8월, 여러 지역에서 폭염 일수가 1994년 여름을 능가했고, 이어 2년 만인 2018년 여름에는 다시 각종 기록을 경신하며 심각한 폭염 피해를 입었다. 21세기에 들어서면서 우리나라뿐 아니라 유럽, 미국 등 세계 곳곳에서 폭염으로 말미암아 많은 사람이 사망하는 일이 빈번해지고 있다. 전통적으로 풍수해가 많은 우리나라는 태풍이나 홍수에 대한 대비도는 꽤 높은 반면, 피해가 잘 드러나지 않아 소리 없는 살인자라고도 불리는 폭염에 대한 대비는 상대적으로 부족한 편이다. 2018년 여름, 많은 수의 온열 질환 사망자 발생 등 폭염 피해를 겪고 나서야 법적으로 자연 재해 재난의 범주에 폭염도 포함시켰다.

폭염을 비롯한 각종 기후재난의 발생 원인은 자연과학의 범주에 해당하지만 그 피해는 고스란히 사회경제적인 범주에서 발생한다. 지구온난화를 비롯한 지구 환경 전반의 변화를 가져오고 있는 인위적 기후변화를 발생시킨 원인은 인류의 온실가스 배출량 증가이다. 하지만 그동안 많은 양의 온실가스를 배출해 부를 축적한 선진국보다는 후진국에 기후재난, 기후재앙 피해가 심화될 것으로 전망되고 있으니 사회 정의(흔히 기후 정의로 표현) 문제도 야기한다고 할 수 있다. 기후변화협약을 통해 선진국에 더 큰 의무를 부과하고 개발도상국의 기후변화 적응과 온실가스 감축을 위해 기술과 재정을 지원하도록 하는 것은 바로 이러한 정의 문제에서 비롯한 것이다. 폭염의 경우에도 피해자와 가해자가 같지 않아 정의의 문제로까지 번질 수 있다. 즉 에너지 빈곤층에게 피해가 전가될 가능성이 높다. 폭염이 와도 학교, 집, 직장 어디에서나 에어컨을 가동하며 피해 보지 않는 계층은 에너지를 많이 쓰는 집단인 반면, 쪽방촌 주민들처럼 주거 취약 계층 대부분은 방 한 켠에 작은 선풍기 하나를 두고 한여름을 나며 폭염 피해에 그대로 노출된다.

기후변화에 따른 지구온난화는 그저 서서히 온도가 올라가는 현상이 아니라 기온의 변동폭이 커지며 **극한 기온**(폭염 또는 한파)이나 **극한 강수량**(폭우·폭설 또는 극심한 가뭄)이 더욱 빈번해지는 전 지구적 변화를 의미한다. 즉 앞으로 세계 곳곳에서 2018년과 같은 폭염이 언제든지 반복될 것이며, 더 자주 그리고 더 강한 폭염이 찾아오기 쉽다는 뜻이다. 실제로 지난 2020년 여름이 찾아오기 직전까지도 많은 전문가가 2018년과 같은, 혹은 더욱 극심한 폭염이 전 세계적으로 발생할 것을 우려했다. 각종 지상 관측과 인공위성 관측에서 기록되는 기온과 수치 모델을 통해 폭염 발생 가능성이 높게 예보되었기 때문이다. 비록 우리나라를 비롯한 동아시아에서 전례 없는 폭우와 최장 기간의 장마 등으로 기온이 내려가면서 더위가 많이 식기는 했지만 홍수와 산사태 등으로 큰 피해를 입은 게 사실이다. 만약 당시에 장마 전선이 정체되며 구름을 만들어 태양복사에너지 유입을 차단하고 오랜 기간 비를 내려 지표를 냉각하지 않았더라면 또다시 폭염이 발생할 수 있었다.

폭염이나 폭우는 충분한 대비가 없으면 큰 인명 피해, 재산 피해를 입을 수밖에 없는 자연 재해다. 그런데 기후변화로 이 같은 극한 기상 현상이 심해지니 문제가 되는 것이다. **기후변화**(Climate Change)를 최근에는 **기후위기**(Climate Crisis)로도 부르는데, 단순한 환경 변화를 넘어 생태계의 전반적인 변화를 가져와 모든 생명체의 삶을 위협하는 보건·건강 위기이기 때문이다. 시급하게 해결하고 대비하지 않으면 폭염만 하더라도 그 피해가 가중될 것이 분명하므로 오늘날 **기후비상**(Climate Emergency) 선언이 잇따르고 있는 것이다.

29

지구온난화인데
왜 한파와 폭설이 찾아올까?

"지구온난화인데 왜 이렇게 춥지?"

대표적인 지구온난화 반대론자이자 현대 사회 발전의 원동력이 된 과학기술 자체를 부정해 과학자들의 원성을 샀던 미국 전 대통령 도널드 트럼프가 트위터에 남긴 글이다. 하지만 이렇듯 과학자들을 조롱하며 남긴 글 때문에 본인의 과학적 무지만 드러나고 말았다. 한파와 폭설도 기후변화로 나타나는 극단적인 기상 현상 중 하나이기 때문이다.

오늘날 워싱턴 DC를 포함한 북미, 유럽은 물론 우리나라가 속한 동아시아 지역과 같이 북반구 중위도에 위치한 곳곳에서 겨울철에 종종 살인적인 **한파**로 사망자가 발생하는 등 피해가 속출하고 있다. 지구온난화로 지구 평균 기온이 오르고 있다는데 왜 전보다 더 자주 이토록 극심한 추위가 찾아오는 것일까? 지구온난화로 수십 년간 평균 기온이 1도 오른 것과는 달리 소위 '북극 한파'로 불리는 한파가 발생할 때의 기온은 일시적으로 영하 30~40도 혹은 그 이하로도 떨어진다. 따라서 지구온난화 때문에 이렇게 추워진다는 점이 피부에 잘 와 닿지가 않는다.

이처럼 수십 도씩 오르내리는 큰 폭의 기온 변화는 기상(날씨) 현상으로 생각해야 하지만, 기후에서의 평균 기온 변화는 1도만 되어도 심각한 위협으로 여겨진다. 한 번씩 극심한 한파로 기온이 크게 내려가기도 하지만 겨울철 평균 기온을 장기간 비교해 보면, 북반구 중위도에서도 지속적으로 상승하는 추세를 보인다. 예를 들면, 서울의 1월 최저기온은 1908~1930년 기간 평균이 영하 9.4도, 1931~1960년 기간 평균도 영하 9.3도였으나 1961~1990년에는 평균은 영하 7.1도, 1991~2020년 평균은 영하 5.5도로 꾸준히 상승했다. 또 북반구 중위도에서 극심한 한파를 겪는 사이에도 남반구에서는 전례 없던 폭염을 겪었다. 지구온난화에 따라 이처럼 '기후적인' 서울의 1월 최저기온 평균이 높아지는 것과는 달리 일주일 안팎의 짧은 시간 동안 일시적으로 기온이 크게 떨어지는 한파는 다른 역학적 과정을 통해 오히려 더 증가할 수 있다. 한파 발생도 지구온난화와 관련되어 더 심해질 수 있다는 이야기이다. 온난화의 역설이라고도 부르는 한파가 지구온난화의 결과로 앞으로 더 극심해질 수 있음을 경고하는 것이다. 또 한파로 기온이 내려가 있는 상태에서는 수증기가 유입되면 그대로 눈이 되어 폭설로 이어지기도 한다. 오늘날 폭설로 대중교통이 마비되고 차량이 정체되며 항공편이 결항되는 일은 비일비재하고, 심한 폭설에 고립되거나 시설물이 파손되는 경우도 흔하다.

그럼 이처럼 기후가 변화하면서 한파와 폭설이 빈번해지는 이유는 무엇일까? 북반구 중위도의 극심한 한파가 북극의 **해빙**(sea ice)이 사라지는 현상과 관련되어 있다는 것이 과학자들의 연구 결과이다. 지구온난화는 전 세계 어디에서나 균일하게 일정한 온도 상승을 보이기보다 지역적인 차이가 커서 빠른 온도 상승을 보이는 지역과 그렇지 않은 지역이 대비되는 양상을 띤다. 특히 **북극해**(Artic Ocean)는 온난화가 매우 빠르게 진행되는 대표적인 곳이다. 태양복사에너지를 반사해 주던 북극해 해빙이 빠르게 사라지면서 그대로 북극해에 흡수된 태양복사에너지가 온난화를 가속화하고 이에 따라 더욱 빠르게 해빙이 녹아 사라지는 악순환이 반복되는 것이다. 북극의 온도가 더 빠르게 상승하면서 저위도와의 온도 차이가 줄어들면 북극 주변에 동에서 서로 흘러가는 상공의 제트기류로 둘러싸인 **북극 소용돌이**(polar vortex)가 약해져 그 경로가 뱀처럼 굽이

치며 사행(meandering)한다. 그러면 제트기류가 남쪽으로 사행하는 지역에서는 북극 소용돌이 안에 갇혀 있는 북극 주변의 차고 건조한 공기가 중위도로 남하해 '북극 한파'가 발생한다. 북미, 유럽, 동아시아 지역에 종종 극심한 한파가 발생하며, 지구온난화로 과거보다 더 추워진 것도 이 때문이다. 지난 2018년과 2019년 연이어 극심한 한파 피해가 속출한 미국 북동부에서는 나이아가라 폭포가 얼어붙고 미네소타는 영하 66도를, 시카고는 영하 45도를 기록하는 등 곳곳에서 최저기온을 경신하며 수억 명의 사람이 한파에 노출됐다. 2021년 2월에는 미국 동남부의 따뜻한 지역인 텍사스까지 북극 한파가 들이닥쳐 알래스카보다 더 추운 지역이 되었으며 전기가 끊기고 난방, 제설, 식수 등의 문제로 수많은 사람이 큰 어려움을 겪었다. 또 폭설로 도로와 공항이 마비되고 학교, 관공서, 상점 등이 모두 문을 닫아야 했다. 몇 분 혹은 몇 초만 노출되어도 저체온증에 걸리는 살인 한파 상황에서 인명 피해도 상당했다. 한파에 잘 대비가 되어 있지 않은 텍사스에서는 난방 시설이 거의 없어 나무를 태우거나 차량의 히터로 버티는 사람들까지 생겨나기도 했다. 우리나라에서도 종종 북극 한파로 말미암아 시베리아보다 더 추운 겨울이 찾아오기도 한다.

지구온난화로 고위도 상공의 제트기류가 크게 사행하는 형태로 대기 순환이 변하면서 극심한 한파가 북반구 중위도에 찾아올 수

북극 소용돌이

북극 냉기 남하

한대 제트 기류

아열대 제트 기류

북극 진동. 제트기류의 흐름이 약해져 북극의 찬 공기가 남쪽의 중위도까지 내려올 수 있다.

있음을 확인했다. 그렇다면 만일 대기 순환이 아니라 바다 내부의 움직임 즉 **해양 순환**이 변화하면 어떤 일이 벌어질까? 바닷물은 비열이 커서 데우기도 식히기도 어렵기 때문에 거대한 규모의 바닷물이 움직이는 과정에서 막대한 열 수송이 이루어지고 이에 따라 지구의 기후가 달라진다. 따라서 해양 순환이 바뀌면 일시적인 한파 정도가 아니라 아예 북반구에 빙하기까지 도래할 수도 있다는 것이 해양과학자들의 연구 결과이다. 실제 이러한 과학적 근거를 모티브로 영화 〈투모로우〉가 만들어지기도 했다. 물론 영화에서처럼 순식간에 급격한 빙하기가 찾아오기보다는 100~1000년에 걸쳐 서서히 찾아올 것이라 보는 견해가 우세하다. 과학자 대다수는 과거 마지막 빙하기 후 잠시 나타났던 소빙기가 바로 바닷물의 거대한 움직임 변화에서 비롯되었다고 보고 있다.

30

더워진 지구에서
가장 위험한 건 무엇일까?

지구온난화로 지구 평균 기온이 오르고 있으니 무더위가 가장 위험하다고 할 수 있을까? 평균 기온 상승 폭은 지난 수십 년간 1도에 불과하며 그것이 곧 폭염을 의미하지는 않으므로 반드시 폭염이 가장 위험하다고 말하기는 어려울 것이다. 사실 지구 평균 기온 상승보다 훨씬 더 위험한 것은 폭염 외에 폭우와 폭설, 한파 등 지구온난화로 그 특성이 변화하는 **극한 기후**(extreme climate events)와 악기상의 빈도와 강도 증가라 할 수 있다. 지난 2020년부터 우리 기상청에서는 폭염 주의보나 폭염 경보 같은 폭염 특보 발령 기준으로 과거의 일 최고기온 대신 체감온도를 사용하기로 했다. 우리나라뿐 아니라 주요국의 기상 당국에서는 기온 외에도 습도와 일사량 등 다양한 변수를 사용해 각국 사정에 적절한 폭염지수와 특보를 개발해 운용 중이다.

우주 비행사의 생존 가능 기온 범위를 실험한 결과, 기온이 섭씨 70도까지 오르더라도 상대 습도가 10% 이하면 수일간 생존할 수 있으며 40%까지 증가하면 생존 한계가 섭씨 47도로 낮아지고 100%에서는 섭씨 35도 이상에서 생존이 불가능한 것으로 나타났다. 이처럼 습도가 높으면 같은 온도에서도 불쾌지수가 높아지고 실제 생존 위협도 증가한다.

또 주요 도시별로 온도에 따른 사망자가 급격히 늘어나는 임계점에 차이가 나타나는데, 고위도 혹은 북쪽(북반구 기준, 남반구에서는 반대로 남쪽)에 위치한 도시일수록 임계 온도가 낮아 폭염에 취약하다. 예를 들면, 2010년 러시아 폭염 당시 5만 명 넘게 사망했는데 만약 대만에서라면 같은 온도까지 올랐다 해도 사망자가 거의 없거나 매우 적었을 것이다. 우리나라에서도 남쪽에 있는 대구에서는 섭씨 35도에서 인구 1천만 명당 폭염 사망자 수가 5명 이내이지만, 북쪽에 있는 인천에서는 같은 온도라도 사망자 수가 20명 정도로 월등히 높아지는 것으로 조사된 바 있다. '대프리카'란 별칭처럼 우리나라에서 가장 더운 지역으로 알려진 대구는 폭염 대비도가 높지만, 인천 같은 북쪽 도시들은 폭염 취약성이 오히려 크다. 폭염과 반대로 한파는 저위도 혹은 남쪽(북반구 기준, 남반구에서는 반대로 북쪽)에 위치한 도시일수록 임계 온도가 더 높아 취약하다. 같은 이치로 생각해보면 평소 강수량이 적은 건조 기후 지대에 위치한 도시 사람들이 폭우와 폭설에 취약하고, 습윤 기후 지대에 위치한 도시 사람들이 가뭄에 취약할 것이다.

기후변화로 나타나는 지구 환경의 변화는 그저 평균 기온이 조금 오르는 지구온난화만이 아니다. 전 지구적인 열 수송과 물 순환(water cycle) 혹은 수문 순환(hydrological cycle)의 변화를 시작으로 폭염과 한파뿐만 아니라 폭우(호우), 폭설(대설)이나 태풍과 해일 등 각종 자연 재해 특성까지 변화시키고 극한 기후와 악기상의 빈도와 강도를 높여 점점 더 심각한 피해를 안기고 있다. 특히 과거의 기후에 적응한 지역에서 이상기후가 나타나면 대비도가 낮아 종종 큰 피해를 입는다. 그러한 자연 재해의 피해 규모는 인재 피해 규모를 훨씬 웃돌며, 실제로 이러한 자연 재해 인명 피해와 재산 피해는 지난 수십 년 동안 꾸준히 증가해 왔다. 기후변화로 전례 없던 악기상과 '신종' 자연 재해가 속출하는 오늘날, 지구 환경의 과학적 변화 원인을 파악해 기후재앙에 대한 대비도를 빠르게 높이지 않으면 인류의 자연 재해 피해 규모는 머지않아 감당하기 어려운 수준으로 치달을 것이다.

폭염, 한파, 폭우, 폭설, 가뭄, 산불, 태풍, 해일, 홍수, 산사태 등 각종 자연 재해 피해 규모 증가는 심각한 환경 오염과 2차 피해로 이어지기도 한다. 또 식량 생산에도 차질을 가져오고, 곳곳에서 식수를 비롯한 여러 자원 부족에 직면하게 만들어 자원을 사이에 두고 국가와 사회 간의 대립과 갈등을 심화시킨다. 무엇보다도 큰 문제는 동식물의 서식지가 바뀌면서 생물 다양성이 감소하는 등 생태계 전반에 심각한 변화가 발생하는 점이다. 생태계가 무너지면 결국 인간 역시 생존이 불가능하기 때문이다. 빠르게 서식지가 바뀌고 있는 각종 동식물의 이동만으로도 코로나19 같은 '신종' 바이러스에 쉽게 노출되어 감염병 충격이 더 빈번해질 수 있다. 이처럼 기후변화는 단순한 지구온난화를 넘어 전반적인 지구 환경을 변화시켜 지구를 거주 불능 상태로 만들고 있다.

31

미래의 기후를
어떻게 알 수 있을까?

　지구의 기후 시스템은 태양복사에너지의 유입 외에도 여러 요소들이 복잡하게 얽혀 있으며 하늘, 육상, 바다, 얼음, 그리고 생명체 사이의 역동적인 상호 작용으로 만들어지므로 미래 기후를 정확히 예측하기란 불가능하다. 무엇보다도 온실가스 농도의 가파른 증가가 자연 변동성의 범위를 넘어 인위적인 기후변화를 만들고 점점 심화하며 기후위기(Climate Crisis), 기후비상(Climate Emergency) 상황까지 이른 것에서 알 수 있듯이 기후는 인류의 활동 방식에 따라 민감하게 변화한다. 따라서 미래의 인류 활동까지 예측하지 않으면 미래 기후를 정확히 알 수 없다. 그럼에도 오늘날 과학자들은 각종 데이터와 지표를 제시하며 미래 기후에 대한 다양한 전망을 내놓고 있다. 과연 미래의 기후는 어떻게 알 수 있을까?

과학자들은 최근 수십 년간 인위적 기후변화가 나타난 복잡한 과정들을 이해하려 노력 중인데, 현재까지 이해한 과정들을 근거로 인류의 미래 활동에 따른 몇 가지 시나리오를 정해서 미래 기후를 전망한다. **기후변화 시나리오**로 부르는 것이 바로 그것이다. 특히 '**기후변화에 관한 정부간 패널**(Intergovernmental Panel on Climate Change, IPCC)'을 통해 전 세계 수백, 수천 명의 과학자가 수천, 수만 편의 관련 논문을 인용하며 수개월에 걸쳐 작성하고 서로 검토, 검증, 수정, 보완하며 기후변화 진단평가 보고서와 특별 보고서를 지속적으로 발간하고 있다. 여기에는 기후변화 시나리오별 미래 기후 전망들이 제시되어 있는데, 기후변화 영향을 평가하고 피해를 최소화하기 위한 대응에 활용하기 위해서다. 기후변화 시나리오는 몇 가지 다른 방식으로 사용되어 왔는데, 지난 3차 기후변화 진단평가 보고서(2001년)에는 인류의 온실가스 배출이 언제부터 얼마나 감축할지 혹은 잘 감축하지 않을지에 따라 몇 가지 시나리오를 정해서 각각에 대한 미래 기후를 전망했다. 또 5차 기후변화 진단평가 보고서(2014년)에는 대표 농도 경로(Representative Concentration Pathways, RCP) 시나리오가 사용되기도 했다. RCP 시나리오는 RCP 2.6(실현 불가), RCP 4.5, RCP 6.0, RCP 8.5 시나리오와 같이 인류가 온실가스를 당장 획기적으로 줄였을 때(불가능한 시나리오로 이미 실현하지 못한 시나리오), 상당히 줄였을 때, 어느 정도 줄였을 때, 그리고 거의 줄이지 못했을 때 등 각각의 경우에 따라 향후 100년 동안 대기 중 온실가스 농도, 지구 평균 기온, 바닷물의 수온, 육상 지표면의 지온, 강수, 바람, 습도 등의 환경 변수를 예측한 것이다. 2022년 4월 완료를 목표로 초안을 수정 중인 6차 기후변화 진단평가 보고서에서는 공통 사회 경제 경로(Shared Socioeconomic Pathways, SSP) 시나리오를 채택하고 있다. 이는 RCP 방식과 달리 사회 경제 유형별로 온실가스 배출량을 설정해 기후변화 시나리오를 산출하는데, SSP1-2.6, SSP-4.5, SSP3-7.0, SSP5-8.5 시나리오가 그것이다. 가장 좋은 SSP1-2.6은 국제 사회 불균형 감소와 친환경 기술의 빠른 발달로 기후변화를 완화하고 적응 능력이 좋은 지속 성장이 가능한 사회 경제 구조의 저배출 시나리오를 의미한다. 반면 가장 안 좋은 SSP5-8.5는 기후 정책이 부재해 화석 연료 기반으로 성장하며 높은 인적 투자로 기후변화에 대한 적응 능력은 좋으나 완화 능력은 낮은 고배출 시나리오를 의미한다.

IPCC 6차 기후변화 진단평가 보고서에서 제시하는 현재(1995~2014년) 대비 21세기 말(2081~2100년) 지구 평균 기온 상승 폭은 1.9도(SSP1-2.6)에서 5.2도(SSP5-8.5)다. 일반적으로 해양에 비해 온도가 더 빠르게 상승하는 육지에서는 2.5도(SSP1-2.6)에서 6.9

도(SSP5-8.5), 해빙이 사라지며 그보다도 더 빠르게 상승하는 북극해 기온은 6.1도(SSP1-2.6)에서 13.1도(SSP5-8.5)로 전망한다. 강수량은 지역적 편차가 있으나 적도 부근과 위도 60도 부근의 고위도에서 7%(SSP1-2.6)에서 17%(SSP5-8.5) 증가하며 지구 평균으로도 5%(SSP1-2.6)에서 10%(SSP5-8.5) 증가할 것으로 전망했다. 또 지구 평균 해수면 온도는 현재 대비 21세기 말에 1.4도(SSP1-2.6)에서 3.7도(SSP5-8.5) 상승하며, 지구 평균 해수면 고도는 46cm(SSP1-2.6)에서 87cm(SSP5-8.5) 상승할 것으로 전망했다. 그러나 이러한 전망은 어느 정도의 불확실성을 가진다. 예를 들면, 온실가스 고배출 시나리오인 SSP5-8.5의 평균 해수면 고도 전망치인 87cm는 61~110cm의 범위로 표현되어 최악의 경우 지금보다 평균 해수면 1.1m가 오른다는 것이다. 그러나 온실가스 고배출 시나리오의 경우 21세기 말 해수면 고도가 2.5m까지 이를 것이란 전망도 있으므로 이 불확실성의 범위가 절대적인 것은 아니다. 이러한 불확실성은 예를 들면, 남극 빙하가 언제 그리고 얼마나 녹아내려 바다로 흘러가 해수면 고도를 높일 것인지 정확히 알기 어려운 문제 등으로 말미암은 것이며 과학자들은 불확실성 감소를 위해 지속적으로 노력 중이다.

기후 예측을 위해서는 **수치 모델**(기후 모델)을 통해 온실가스 배출 시나리오별로 대기 중 온실가스 농도에 따라 태양복사에너지 유입과 지구에서 우주로 방출되는 지구복사에너지를 계산하고, 구름과 강수 등의 대기 과정, 바닷물 순환 등의 해양 과정, 빙하 생성과 용해 등의 빙권 과정, 그리고 이들을 포함하는 생태계 전체 구성 요소 사이의 복잡한 상호 작용을 계산한다. 이러한 수치 모델에는 각각의 구성 요소만을 모델링하는 대기 모델, 해양 모델, 빙하 모델부터 이들을 서로 접합하는 형태인 해양-대기 접합 모델, 생태계 모델 등도 있다. 이들을 모두 포괄하는 방식인 기후 모델도 있다. 그러나 방정식을 수치적으로 계산한 모델 결과는 실제 지구 환경에서 관측한 결과와 비교해 검증해야 하며, 서로 다른 모델 사이의 상호 비교도 중요하다. 이미 1980년대 후반부터 서로 다른 모델 사이의 상호 비교 연구가 조직적으로 진행되었다. 이를 통해 과거 기후변화를 재현하는 능력을 비교하고 모델 결과를 얼마나 신뢰할 수 있는지 모델의 불확실성을 평가해, 해당 모델이 예측한 미래 기후에 대한 불확실성도 추정할 수 있다.

오늘날 세계 각국의 주요 기후 모델 상호 비교 결과를 종합해 과학자들은 어느 정도의 불확실성에도 불구하고 온실가스 배출 시나리오별로 뚜렷한 차이를 보이는 신뢰할 수 있는 미래 기후 모의 결과를 제시하고 있다. 그러나 지구 환경을 결정하는 다양한 자연 과정이 끊임없이 새롭게 밝혀지고 있으며, 모든 자연 과정이 현재의 모델에 포함되어 있는 것은 아니다. 예를 들면, 최근 거대 입자 먼지(coarse dust)양이 기존에 알려진 것이나 기후 모델에 사용된 것보다 4배 이상 많다는 연구 결과가 제시되었는데, 이것은 온실효과를 더 크게 해 지구온난화를 가속화할 가능성이 있다. 또 대기에서 바다로 열이 흡수되거나 바다에서 방출하는 열이 대기의 순환을 변화시키는 여러 요소나 얼어 있는 땅(동토)이 녹으면서 배출되는 메탄 등의 온실가스가 어디에서 얼마나 늘어나는지 등의 과정들도 기후 모델에서 실제 관측되는 것처럼 잘 재현하지는 못하는 경우가 많다. 관측을 통해 그동안 모르던 과정들이 새롭게 밝혀지고 있으므로 이를 포함해 예측 결과를 더 정교하게 개선하려는 노력이 앞으로도 지속되어야 한다.

32

기온이 오르는 것을
막을 방법은 없을까?

인류의 산업 활동 과정에서 배출된 이산화탄소 같은 온실가스로 말미암아 지구온난화가 발생하므로 **온실가스 배출량**을 줄이면 기온이 오르는 것을 늦출 수 있을 것이다. 여기서 막는 것이 아니라 늦춘다고 표현한 것은, 욕조에 물을 채울 때처럼 수도꼭지를 잠그다시피 해서 한두 방울만 떨어지게 하면 오래도록 넘치지 않는 것과 이치가 같기 때문이다. 국제 사회는 탄소 배출량을 급격히 줄여서 지구온난화 수준을 2도 이하, 가급적이면 1.5도 이하 수준으로 유지하기로 합의하고 기후변화협정을 체결했다. 또 각국은 2050년 전후로 탄소 중립을 선언하고 이를 위한 구체적인 방안을 고심하며 저탄소, 탈탄소 사회로의 전환을 추진하고 있다. 그 이유는 지구 온난화 수준이 최악으로 치닫지 않도록 조절하기 위해서다. 그러나 탈탄소 사회로의 전환이 순조롭지만은 않고, 온실가스 배출량 감소만으로 변화되기 이전의 기후로 완전하게 돌아갈지는 여전히 미지수이다. 그럼에도 에너지, 수송, 농업과 산업, 식생활 등 전반적으로 사회를 변화시켜 온실가스 배출량을 빠르게 줄이는 것이 지구온난화 수준을 완화하기 위해 현재 인류가 택할 수 있는 최선책임은 분명하다.

그런데 이러한 노력과는 별개로 공학적인 방법으로 인류가 인위적으로 지구 평균 기온을 낮출 수도 있을까? 앞서 욕조에 채워지는 물의 예를 빌리면 수도꼭지를 잠그다시피 하는 대책이 아니라 아예 욕조의 물을 퍼내서 수위를 낮추는 방법도 있다. 즉 인위적으로 기후를 조절하는 방법은 없을까? 놀랍게도 방법이 전혀 없는 것은 아니다. 지구온난화 등의 기후문제 해결을 위해 기후 시스템을 인위적으로 조절 및 통제하고자 대규모로 개입하는 방식을 **지구공학**(geoengineering) 혹은 **기후공학**(climate engineering)이라고 한다. 1960년대만 해도 이러한 아이디어는 거의 농담 취급을 받았다. 그러나 인류의 온실가스 감축 노력이 크게 기대에 못 미쳐 대기 중 이산화탄소 농도가 400ppm을 초과하는 등 최악의 기후변화 시나리오에 가까운 암울한 전망이 지속되자, 최근 과학자들 사이에서도 이러한 아이디어가 꽤 진지하게 받아들여지는 기류가 감지되고 있다. 지구의 건강 상태가 탄소 배출량 감축이라는 투약만으로 회복되지 않고 심하게 악화되는 경우 극단적인 처방으로 수술대에 올릴 만반의 대비를 해야 하기 때문이다.

지구공학적 접근 아이디어는 크게 두 가지 유형으로 나누어진다. 하나는 태양복사에너지의 유입량을 줄이기 위한 방안이고, 다른 하나는 이산화탄소를 제거해 대기 중 온실가스 농도를 인위적으로 낮추기 위한 방안이다. 태양복사에너지 감소 방안에는 성층권에 에어로졸을 주입하거나 구름 씨앗을 만들어 지구로 유입하는 태양광의 많은 비중을 우주로 반사시키거나, 우주에 대형 거울을 만들어 태양광을 반사시키는 아이디어 등이 제시되고 있다. 이산화탄소를 제거하는 방안에는 바다에 철을 주입하거나 파이프를 세워서 인공 용승[33](artificial upwelling)을 시켜 해양의 생산력을 높이고 번성한 식물성 플랑크톤이 광합성을 통해 대기 중 이산화탄소를 흡수하게 하는 아이디어, 화석 연료로부터 배출되는 이산화탄소나 대기 중 이산화탄소를 포집해 다른 곳에 저장하는 아이디어, 육상의 넓은 면적을 산림화해서 광합성을 통해 이산화탄소가 더 많이 흡수되도록 하는

••••

[33] 수온이 낮은 심층의 해수가 여러 이유로 상층으로 솟아오르는 해양 과정을 의미하며, 흔히 해상에 부는 바람(해상풍)에 의해 상층 해수가 수평적으로 이동하며 그 아래에 있던 심층의 해수가 상층을 채우는 경우에 잘 발생한다.

등의 아이디어가 포함된다.

　그러나 지구공학적 접근 아이디어를 여러 요소들이 복잡하게 얽혀 있는 지구 시스템에 실제로 적용하려면 예상치 못한 각종 부작용을 경계해야 할 것이다. 인류의 인위적인 기후 조절 노력이 갖는 한계와 그 부작용에 대한 우려는 영화 〈설국열차〉의 열차 학교 부분에 등장하는 'CW-7' 물질(태양광을 반사시키는 이산화황 성분의 에어로졸로 추정된다) 살포로 설국이 되었다는 설정이 단적으로 보여준다. 설국이 도래해 설국열차에 탑승하지 않은 인류는 모두 사라지는 영화 속 시나리오처럼 되지 않으려면, 이러한 인위적 기후 조절 시도는 매우 신중하게 검토해야 한다. 하나밖에 없는 지구에 인위적인 기후 조절을 시도하다가 자칫 의도하지 않은 조절 불가능한 변화가 생겨 더욱 심각한 문제에 직면할 수도 있기 때문이다. 지구공학적 접근은 인류가 예측하지 못했던 거대한 기후변화가 나타나는 등의 긴급한 상황에서만, 그때에도 부작용 등에 대한 엄밀하고 충분한 과학적 검토를 거친 후에나 고려할 수 있는, 현재로선 매우 경계해야 할 접근 방식이다. 즉 정밀한 과학적 진단이 먼저 이루어져야 하며, 현재는 온실가스 배출량을 줄이며 과학적 진단을 강화하는 것만이 최선이라 하겠다.

PART 4 기후와 기후변화

바다와 얼음

× 33 ×

바다에도
기후가 있을까?

바다는 기후변화에 직접적인 영향을 받는 대상인 동시에 지구의
기후를 조절하는 주요 '**기후 조절자**(climate controller)'이기도 하다.
바다가 지구의 기후 조절에 중요한 역할을 하는 이유는 일단 대기
에 비해 비열이 훨씬 큰 바닷물을 담고 있기 때문이다. 바닷물은 데
우기도 어렵지만 한 번 데워지면 잘 식지도 않는다. 그런데 이처럼
비열이 커서 대기보다 많은 열을 담을 수 있는 바닷물은 지구상에
존재하는 물의 대부분에 해당할 만큼 큰 분량을 차지한다. 지구 표
면의 3분의 2가 바다로 이루어져 있으며 수심도 평균 수천 미터(육
상의 해발고도는 평균 수백 미터임)에 달하니 바닷물의 양은 실로 엄청나다.

따라서 오늘날 온도가 더 빠르게 상승하는 것은 대륙이지만 실제로 지구온난화로 증가된 열의 대부분(90% 이상)은 바다로 흡수된다. 육상 지표 구성 물질에 비해 비열이 더 커서 데우기 매우 어려운 탓에 바닷물 수온은 대륙의 지온이나 대기의 기온에 비해 서서히 올라가지만, 일단 한 번 데워지면 그만큼 잘 식지도 않는다. 또 비열이 크다는 것은 많은 열을 축적할 수 있다는 의미이기도 하다. 실제로 해양은 대기보다 1,000배나 많은 열에너지를 저장할 수 있으며, 해표면을 통해 대기와 열교환이 이루어지므로 대기를 가열하거나 반대로 냉각시켜 곳곳의 기온을 조절하고 기후를 좌우한다.

또 바닷물은 어디에서나 일정한 특성을 가지는 것이 아니라 수온이 높은 바닷물과 수온이 낮은 바닷물이 서로 복잡하게 뒤섞이며, 한 곳의 바닷물이 해류를 타고 전 세계 바다를 돌고도는 거대한 순환도 이루어진다. 표층 해류는 **환류**34(gyre)를 구성하며 순환하는데, 아열대 환류(subtropical gyre)의 서안 경계류(western boundary current)인 쿠로시오(Kuroshio)나 맥시코 만류(걸프스트림, Gulfstream)는 열대 해역의 따뜻한 바닷물을 한대 해역으로 수송하는 난류(warm current)라서 저위도의 남는 열을 고위도로 가져오는 역할을 한다. 마찬가지로 동안 경계류(eastern boundary current)인 캘리포니아 해류

• • • •
34   연속적으로 되돌아 흐르는 해수의 순환

기후와 기후변화 - 바다와 얼음

(California Current)나 카나리 해류(Canary Current)는 한대 해역의 차가운 바닷물을 열대 해역으로 수송하는 한류(cold current)로, 고위도의 냉기를 저위도로 가져오는 역할을 한다. 표층 해류처럼 빠르게 흐르지는 않지만 수온과 염분에 의해 결정되는 해수의 밀도 차에 따라 거대한 전 세계 바다의 순환이 만들어져 열을 수송한다. 이처럼 밀도 차에 의해 만들어진 순환을 바람에 의해 만들어진 표층 해류로 인한 순환(풍성 순환, wind-driven circulation)과 구별해 **열염분 순환**(thermohaline circulation)이라고 부른다. 열염분 순환은 표층뿐 아니라 심층에서의 흐름과도 연결되어 있으며 심층 해수가 생성되거나 반대로 심층에서 표층으로 해수가 용승(upwelling)하는 수직적인 수송을 포함한다. 남북으로 된 자오면을 따라 열 수송이 일어나므로 자오면 순환(meridional overturning circulation)이라 부르기도 한다.

그린란드 인근 해역과 남극 주변 연안 해역에서는 매우 차가운 대기와 강한 바람 탓에 해표면이 심하게 냉각되어 수온이 낮아지는데, 수온이 낮아지면 밀도가 증가해 해수가 무거워진다. 또 해수의 수온이 어는점 이하로 낮아지면 해빙(sea ice)이 만들어지면서 염(소금)이 빠져나와 주변 해수의 염분이 높아지는데, 염분이 높아져도 밀도가 증가해 해수가 무거워진다. 따라서 이러한 해역에서는 수온이 낮아지고 염분이 높아지면서 해수가 매우 무거워지며 심해로 가라앉으며 심층 해수가 만들어진다. 그린란드 인근 해역에서 만들어지는 **심층 해수**는 북대서양 심층수(North Atlantic Deep Water, NADW), 남극 주변 연안 해역에서 만들어지는 심층 해수는 남극 저층수(Antarctic Bottom Water, AABW)라는 이름으로 알려져 있다. 북대서양 심층수는 심해에서 북대서양에만 머물러 있는 것이 아니라 남쪽으로 수송되어 차례대로 남대서양, 남빙양, 인도양에 이르고, 이 과정에서 남빙양 심해를 채우며 북쪽으로 수송되는 남극 저층수와 섞여 환남극 심층수(Circumpolar Deep Water, CDW)라는 또 다른 특성의 심층 해수를 만든다. 환남극 심층수는 남극 순환류를 타고 남빙양의 심해에서 남극 대륙 주위를 서에서 동으로 흐르며 인도양과 태평양 심해로 흘러든다. 인도양과 태평양 내부에서는 심층 해수가 서서히 용승해 표층에 이르고 표층에서는 태평양에서 인도네시아 통과류(Indonesia Throughflow)를 타고 인도양으로, 인도양에서 다시 남대서양으로, 남대서양에서 북대서양으로 흘러 다시 표층의 멕시코 만류와 북대서양 해류 등을 통해 그린란드 인근 해역으로 되돌아오는 거대한 열염분 순환을 완성한다. 이를 컨베이어 벨트에 비유해 거대한 **해양 컨베이어 벨트**(great ocean conveyor belt)라 부르기도 한다.

해양 컨베이어 벨트로 불리는 열염분 순환이 원활하지 않고 약화되면 저위도에 남는 열이 고위도로 잘 공급되지 않아 빙하기가 도래할 수 있다는 주장이 제기되기도 했다. 실제로 2005년에는 대서양 심층에서 이러한 순환이 수십 년 사이에 약화되었다는 관측

상층의 따뜻한 해수 흐름

하층의 차가운 해수 흐름

열염분 순환(해양 컨베이어 벨트) 모식도.

결과35가 발표됐다. 이러한 과학적 발견을 모티브로 만들어진 영화가 앞서 언급한 〈투모로우〉이다. 따라서 해양 순환이 약화되며 북반구에 빙하기가 도래한다는 영화 속 설정이 완전한 공상 속 허구는 아닌 셈이다. 다만 영화에서는 순식간에 급격한 빙하기가 오는 것으로 묘사는데, 이렇게 급격한 빙하기가 도래한다는 설정은 과장된 것으로 보는 견해가 우세하다. 대부분의 학자들은 해양 순환의 약화로 도래하는 빙하기는 100~1000년에 걸쳐 나타날 수 있으며, 과거 소빙기는 대서양 자오면 순환의 약화로 생긴 것이라 보고 있다.

••••

35 Bryden, H. L., H. R. Longworth, and S. A. Cunningham (2005), Slowing of the Atlantic meridional overturning circulation at 25 degrees N, *Nature*, 438, 655-657.

34

보이지도 않는 깜깜한 바닷속을
어떻게 알 수 있을까?

과학자들은 육상 구성 물질이나 대기를 구성하는 공기에 비해 비열이 큰 바닷물을 어마어마한 규모로 담고 있는 바다가 지구 기후를 조절하는 중요한 요소이고 서로 다른 바닷물이 복잡하게 뒤섞이는 매우 역동적인 공간이라는 점을 어떻게 알아낸 걸까? 특히 다이빙을 할 때 바닷속 수십 미터 아래로 들어가면 한치 앞을 분간하기 어려울 만큼 깜깜한데, 보이지도 않는 바닷속을 어떻게 알 수 있을까? 바다 아래로 더 깊이 들어가려면 수압 때문에 장비의 도움을 받아야 하며 특별한 장비의 도움을 받아서 수백 미터, 수천 미터, 수만 미터 수심에까지 이른다 해도 빛이 전혀 없는 환경이 펼쳐질 것이다. 바다는 평균 수심이 3,700m가 넘을 정도로 대부분(부피로는 전체 해양의 95%) 깊은 **심해**(abyss)이므로 극히 일부의 상층 해양을 제외하면 대부분 빛이 도달하지 않는 깜깜한 공간인 셈이다. 우리 속담에 "열 길 물속은 알아도 한 길 사람 속은 모른다."고 했는데, 정말 열 길 물속을 알 수 있을까? 열 길, 아니 백 길, 천 길 깊이에 빛도 도달하지 않는 깜깜한 바닷속을 대체 어떻게 안다는 말인가.

태양광 중에서 우리 눈에 보이는 가시광선은 빨주노초파남보 무지개색 순서대로 파장이 짧다. 파장이 긴 붉은색 계열의 빛이나 아주 짧은 보라색 빛은 해수면 부근에서 바로 흡수되어(10cm 이내에서 80%의 빛 흡수) 바닷속 깊이 투과하지 못하고, 파란색 계열의 빛이 상대적으로 깊이 투과해 물 분자에 이리저리 부딪히며 산란해 바다를 파란색으로 보이게 한다. 물론 바다가 파란색으로만 보이는 것은 아니다. 일부 해수면에서 반사되거나 태양이 수평선에 있을 때 붉게 물들며, 수심이 얕은 곳이나 열대 해역은 에메랄드 색, 아주 깊은 바다는 남색을 띠기도 한다. 또 바닷속에 사는 작은 플랑크톤의 번성에 따라 초록색과 같은 해당 크기의 파장대에서 산란이 잘 일어나면 초록빛을 띠며, 노란색 빛의 파장과 크기가 같은 부유 입자들이 바닷속에 높은 농도로 존재하면 황색을 띠어 우리나라 서해도 황해(Yellow Sea)라는 이름이 붙었다. 그런데 일반적으로 가장 깊이 투과하는 파란색 빛도 그리 깊이까지 투과하는 것은 아니기 때문에

20m 수심에는 20% 정도의 빛만 도달하고, 50m 수심에는 1%의 빛만 도달한다. 수심 100m에서는 0.002%의 빛만 남아 그야말로 암흑 세상이 된다.

그런데 잘 투과하지 않는 태양광과 달리, 소리는 바닷속 매우 깊은 곳까지도 잘 전파되며 그 전파 속력이 공기 중에서(상온에서 약 초속 340m)보다 5배 정도나 빠르다. 바닷속에서는 이처럼 빛보다 소리가 더 효과적으로 잘 전파되므로 음파(sound waves)를 이용해 수심이 얼마나 깊은지, 어떤 크기의 생물이 어디에 있으며 어떻게 움직이는지, 바닷물이 어떻게 흘러가는지 등을 알 수 있다. 공기 중에서는 빛과 같은 전자기파(electromagnetic waves)가 효과적이어서 이를 이용하는 레이다(RADAR) 장비를 사용한다. 하지만 바닷속에서는 전자기파보다 음파가 더 효과적이므로 수중 목표의 방위와 거리를 알아내는 장비인 음파 탐지기(음탐기)나 소나(SOund Navigation And Ranging, SONAR) 장비를 사용한다. 사실 돌고래나 박쥐 같은 동물은 매우 오래 전부터 통신이나 물체 탐지를 위해 음파를 사용해 왔다. 1490년에 레오나르도 다 빈치가 튜브 막대를 물속에 넣어 멀리 있는 배에서 나는 소리를 듣기도 했다지만, 인류가 본격적으로 음파를 사용해 소나 연구를 활발히 한 것은 20세기의 일이다. 1912년 야간 항해 중 빙산(iceberg)에 부딪혀 타이태닉호가 침몰하고 1, 2차 세계대전이 발발해 독일의 U-보트와 잠수함 위협이 증가한 것이 계기

기상, 선박, 해저지진, 고래의 음파 등 바다에는 다양한 소리가 존재한다.

가 되었다고 한다. 이후 수중음향학(Underwater Acoustics)과 해양음향학(Ocean Acoustics)이 발달하며, 해수의 수온과 같은 해양 환경이 음속 구조를 좌우해 음파가 굴절과 반사 등을 하므로 수온 구조에 따라 음파가 전혀 도달할 수 없는 지역, 즉 암영대(shadow zone)가 존재할 수 있다는 사실도 밝혀졌다. 수중의 음파 전달 특성이 복잡하고 그 전달 과정이 해양 환경에 크게 좌우된다는 사실이 밝혀지면서 오늘날 해양 과학자들은 국방, 수산, 탐사 등의 여러 목적에 활용될 수 있는 다양한 수중 음향 연구를 진행 중이다.

35

바닷물의 수온은
일정할까?

바다가 기후에 민감하게 반응하며 기후 조절자로 중대한 역할을 하는 이유는 바로 바다 표면, 즉 해표면 바닷물의 수온이 기온보다 높거나 낮아 끊임없이 대기와 열을 교환하기 때문이다. 그런데 해표면 바닷물의 수온은 어디에서나 늘 일정할까? 또 수심이 깊은 곳의 바닷물은 수온이 일정하고 시간이나 공간과 상관없이 전혀 변하지 않을까? 수심이 깊어지면 수온은 어떻게 변할까?

바닷속 깊숙이 다이빙해 보면 느낄 수 있지만 깊이 들어갈수록 수압(물의 무게에 따른 압력)이 증가하고 바닷물이 차가워진다. 즉 수온이 일정하지 않다는 이야기이다. 오래 전 영화 〈그랑블루(1988)〉는 프리 다이빙을 하는 주인공들의 우정과 경쟁을 다루었는데, 더 깊은 수심을 찍으려면 무호흡으로 오랜 시간을 버티는 것도 중요하지만 결국 높은 수압에 적응하는 이퀄라이징 능력이 좋아야 한다는 것을 보여준다. 수압이 커지는 효과만 생각하면 수심이 깊어질수록 압력이 커지기 때문에 압축되면서 내부 에너지가 증가해 수온도 높아질 것 같은데, 실제로 수온이 오히려 감소한다. 또 바닷가에서 해수욕을 해 보면 기온처럼 급변하지는 않더라도 해표면의 수온 역시 시간에 따라 계속 오르내리기를 반복하며 변화무쌍한 것을 알 수 있다. 즉 한낮에는 태양복사에너지를 많이 받아 좀 더 따뜻했다가 해가 지고 나면 차가워져서 입수하기가 힘들어진다. 해가 뜨고 지는 주기에 따라 수온이 변하는 것은 이해할 수 있다. 그런데 왜 수압이 큰 깊은 바닷속에서는 압력에 따른 수온 증가 효과에도 불구하고 바닷물이 차가울까? 따뜻한 바닷물은 왜 깊은 바다를 채우지 못하고 표층에서만 흐를까?

이 질문에 답하려면 먼저 바닷물, 해수(sea water)의 밀도(단위 부피의 해수가 가지는 질량)에 대해 생각해 봐야 한다. 해수의 밀도는 일반 담수(fresh water)의 밀도와 마찬가지로 온도가 감소할수록 증가하는 특성이 있다. 그러나 섭씨 4도에서 최대 밀도를 가져 그보다 낮은 온도에서는 밀도가 다시 감소하는 담수와 달리, 해수는 어는점에 도달할 때까지 온도가 낮을수록 밀도가 계속 증가한다. 따라서 어는

점에 도달해 액체(물)에서 고체(얼음)로 상태가 변화하지 않는 한 밀도가 큰 특성을 유지하며 무겁고 더 깊은 수심으로 가라앉는다. 단, 얼음으로 상태가 변화하면 가벼워져서 바다 위에 뜨게 된다. 따라서 차가운 해수는 밀도가 커서 무겁기 때문에 깊은 곳으로 가라앉아 심해를 차지하고, 표층에는 밀도가 작아서 가벼운 따뜻한 해수만 흐르는 것이다.

사실 바다는 대부분(80%)의 영역이 심해에 해당하며, 심해를 채우고 있는 바닷물은 매우 차갑고 무겁다. 차고 무거운 해수로 가득 찬 심해에서는 수온 변화가 매우 적어 거의 일정한 반면, 표층의 해수는 수온 변화를 꽤 크게 겪는다. 예를 들면, 하루 중에도 해가 지고 난 깜깜한 밤에는 표층을 데워 주는 태양복사에너지가 도달하지 않으므로 표층 해수가 냉각되어 수온이 낮아지고, 구름이 없는 낮에는 표층 해수가 가열되어 수온이 다시 오른다. 계절적으로도 겨울에는 냉각이 우세해 수온이 낮아졌다가 여름에는 가열이 우세해져 수온이 올라가는 변화를 겪는다. 위도에 따라서도 표층 수온의 차이가 뚜렷한데, 태양 고도가 높은 저위도의 열대 해역은 표층 수온이 높고 태양 고도가 낮은 고위도의 한대 해역에서는 해수 온도가 표층에서부터 상대적으로 낮게 나타난다. 고위도나 저위도 모두 심해는 수온이 낮은 해수로 채워져 있기 때문에 고위도와 달리 저위도에서는 표층에서부터 수심이 깊어질수록 수온의 변화가 극심

기후와 기후변화 - 바다와 얼음

하다.

표층에서는 해상풍 등에 의해 해수가 잘 섞여서 수온 변화가 크지 않은데 이를 **혼합층**(mixed layer)이라 부르고, 그 아래에 수온이 급격히 감소하는 수심층은 **수온약층**(thermocline)이라고 부른다. 수온약층 아래는 심해에 해당한다. 밀도는 수온과 반대로 수심이 깊어질수록 증가하므로 수온약층에서는 밀도가 급격히 증가하는데, 이처럼 밀도가 급격히 증가하는 수심층은 **밀도약층**(pycnocline)이라고 부른다. 일례로 우리나라 동해는 깊은 곳에서 수심 3,500m가 넘지만 수심 200m 아래는 대부분 섭씨 1도를 넘지 않는 매우 차가운 해수로 채워져 있다. 반면에 남해는 여름철에 표층 수온이 30도에 가깝게 오르는 곳도 있어 수직적인 수온 변화가 급격하기로 유명하다.

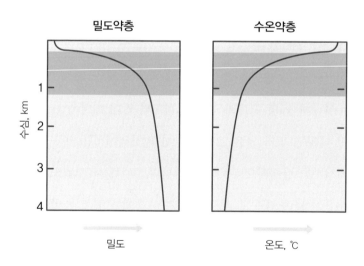

36

왜 바다마다
환경이 다를까?

수온이 다른 바닷물이 뒤섞이며 따뜻한 바닷물이 차가운 대기를 데우거나 반대로 차가운 바닷물이 따뜻한 대기를 식혀 기온을 조절하고, 나아가 지구의 기후를 바다가 조절한다면 이 바닷물의 수온은 왜 일정하지 않을까? 열대 바다와 한대 바다처럼 수온이 높은 곳이 있고 낮은 곳이 있는 이유는 무엇일까? 수온뿐만 아니라 염분도 일정하지 않아서 지중해(Mediterranean Sea)나 아라비아해(Arabian Sea)처럼 염분이 높아 짠 바닷물이 있는가 하면, 동중국해(East China Sea)나 벵골만(Bay of Bengal)처럼 염분이 낮아 덜 짠 바닷물도 있다. 이러한 차이는 왜 생길까? 수온과 염분 같은 바다의 물리적 환경을 결정하는 원인은 무엇일까?

심해에서는 전반적으로 수온의 변화 폭이 크지 않지만, 해표면에서도 특히 적도 부근의 열대 해역 중 웜풀(Warm Pool)로 알려진 곳에서는 수온이 섭씨 30도가 넘게 올라가고, 한대 해역 중 북극해나 그린란드 및 남극 대륙 주변 해역에서는 수온이 어는점[36]에 가깝게 내려가기도 한다. 기본적으로 열대 해역은 태양 고도가 높은 저위도에 위치해 태양복사에너지를 더 많이 받으니 가열되어 수온이 높고, 반대로 한대 해역은 태양 고도가 낮은 고위도에 위치해 태양복사에너지를 덜 받아 가열보다 냉각 효과가 더 커서 수온이 낮음을 쉽게 이해할 수 있다.

그러나 위도가 같더라도 수온이 높고 낮은 곳이 있어 단순히 위도에 따른 태양복사에너지 차이만으로는 이러한 분포를 설명할 수 없다. 바다 위에 있는 대기와의 열교환이 일정하지 않고, 바다 위에 부는 바람(해상풍), 해류, 구름 분포 등에 따라 계속 변하면서 해표면을 가열하고 냉각하기 때문이다. 예를 들면, 구름은 태양복사에너지를 반사하므로 바다 위에 구름이 두껍게 발달하면 해표면 가열에 사용할 에너지가 줄어들면서 맑은 하늘일 때보다 해표면 수온이 낮아진다. 또 따뜻한 바다 위에 차가운 대기가 있으면 대기가 바다로

••••
36 소금기가 있는 바닷물, 해수는 담수에 비해 어는점이 낮은데(담수는 0도), 염분에 따라 다르지만 일반적으로 영하 2도에 가깝다.

의 열을 빼앗아 해표면 수온이 낮아지며, 반대로 차가운 바다 위에 따뜻한 대기가 있으면 대기가 바다로 열을 공급해 해표면 수온이 올라간다. 이처럼 바다는 대기와 서로 열을 주고받는데, 수온과 기온의 온도 차이가 크거나 바다 위에 부는 바람(해상풍)이 강할수록 더욱 많은 열을 교환하면서 해표면 수온을 크게 변화시킨다.

해표면 **염분** 역시 바다마다 다른데, 전반적으로는 대서양에서 높고 태평양에서 낮은 특성이 있고, 지역적으로도 큰 차이를 보인다. 이때도 바다 위에 있는 대기와의 물 교환이 중요한 원인이 된다. 증발(evaporation)이 활발히 일어나 바다의 담수가 대기 중의 수증기 형태로 사라지면 소금양은 일정한데 담수가 줄어들어 염분이 증가한다. 반대로 비나 눈 형태로 강수(precipitation)가 있으면 바다로 담수가 유입되어 염분이 감소한다. 증발이 강수보다 더 많아 매우 건조한 지중해와 아라비아해 일대(페르시아만과 홍해 포함)에서 높은 염분을 보이는 것은 바로 이 때문이다. 적도 부근의 열대 해역과 북위 60도와 남위 60도 부근의 고위도에서는 구름이 많고 비나 눈이 많이 내려 상대적으로 건조하고 증발이 우세한 중위도(북위 30도와 남위 30도 부근)보다 해표면 염분이 전체적으로 낮은 특성을 보인다. 구름이 많고 비가 많이 내리는 인도네시아와 동남아시아 일대에서 상대적으로 염분이 낮은 것도 이 때문이다.

또 다른 원인은 강에서 유출되는 담수이다. 담수가 바다로 흘러

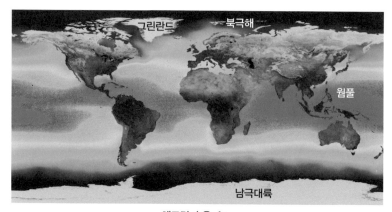

전 세계 해표면 수온 분포. (NASA 제공)

나와 확산되므로 강 하구 부근에서는 염분이 낮아진다. 양자강 하구가 위치한 동중국해, 메콩강 하구가 위치한 남중국해(South China Sea), 갠지스강 하구가 위치한 벵골만, 대서양의 아마존강 하구 부근에는 해표면 염분이 낮다. 한대 해역에서는 또 다른 원인으로 염분 변화가 나타나는데 바다의 얼음 즉, 해빙(sea ice)이 형성될 때에 소금이 방출되면서 주변 바닷물의 염분이 증가한다. 물론 반대로 해빙이 녹거나 대륙에 있는 얼음, 즉 빙상(ice sheet) 형태의 빙하가 녹아서 바다로 흘러나오는 경우에는 담수가 바다로 유출되면서 염분이 감소한다.

37

우리나라의 해안은
서로 어떻게 다를까?

우리나라는 삼면이 바다로 둘러싸인 반도국이므로 북쪽만 아니면 어느 방향으로 가든지 결국 바다를 마주하게 된다. 바다가 기후 조절자 역할을 한다는 점에 비추어 볼 때 동해, 서해(황해), 동중국해 등 우리나라 주변 바다는 한반도와 동아시아 기후에 중요한 역할을 한다고 유추할 수 있다. 그런데 동해안, 남해안, 서해안에서 마주하는 바닷가의 모습은 완전히 다르다. 동해안에서는 모래사장과 해수욕장이 잘 발달한 단조로운 해안선을 볼 수 있는 반면에 서해안이나 남해안은 만과 섬, 작은 반도 등이 많아 복잡한 리아스식 해안과 잘 발달한 갯벌을 볼 수 있다. 이처럼 작은 반도국의 동서에 위치한

기후와 기후변화 - 바다와 얼음

해안의 모습이 완전히 다른 이유는 무엇일까? 심지어 바닷물의 색깔까지 다른 이유는 무엇일까?

이렇게 동해안과 남서해안의 모습이 서로 다른 이유는 동해와 서해에서 발생하는 해양 현상과 해양 환경이 전혀 다르기 때문이다. **동해안**은 수심이 매우 깊은 동해에 인접해 있어서, 조석에 의한 밀물과 썰물 차이가 적은 반면 파랑 작용이 활발하게 일어난다. 반면 **남해안**과 **서해안**은 수심이 얕은 대륙붕에 해당하는 황해 및 동중국해에 인접해 있어, 조석에 의한 밀물과 썰물의 차이가 심하며 갯벌이 잘 발달했다. 또 우리나라 해안 부근에는 약 3,400여 개의 섬이 존재하는데, 다도해 해상국립공원이 있는 남해안은 세계적으로도 드문 해안 지형을 보여준다.

바닷물 색깔도 동해안의 깊은 바다는 짙은 파란색과 남색 계열을 띠고, 서해안의 얕은 바다는 초록색에 가깝거나 노란색 계열을 띤다. 우리 눈에 보이는 무지개색의 가시광선 중 어느 파장의 빛이 상대적으로 더 깊이 투과해 바닷속에서 산란되는지에 따라 이처럼 다양한 색상으로 보이는 것이다. 초록색이나 파란색보다 파장이 짧은 남색 계열의 빛이 더 깊이 투과해 산란하는 동해 바닷물은 짙은 파란색과 남색 계열로 보이고, 수심이 얕으며 노란색 빛의 파장과 비슷한 크기의 입자들이 많이 존재하는 서해의 바닷물은 노란색 계열로 보인다. 노란 빛깔 탓에 서해를 황해(Yellow Sea)라고 부르기도 한다. 이처럼 완전히 다른 환경에서 전혀 다른 현상에 의해 독특한 풍경을 만들어 내므로 그 원인을 이해하려면 바다를 자연 풍경만이 아닌 탐구의 대상으로 받아들여야 한다. 바닷속에서 벌어지는 각종 현상들을 탐구하고 오늘의 환경이 만들어진 과학적 원리를 이해하면 기후가 변화하고 지구온난화와 각종 기후재앙이 속출해도 미래 환경이 어떻게 변해갈지 파악해서 더욱 효율적으로 대응할 수 있을 것이다.

이처럼 우리나라를 둘러싸고 있는 동해안과 남서해안은 서로 다른 해양 현상에 따라 만들어진 독특한 환경으로 천혜의 아름다움을 지니고 있다. 다채롭고 세계적으로도 보기 드문 해안을 깨끗하고 아름답게 유지하기 위해서는 자연을 훼손하는 방식의 개발에서 벗어나 자연과 공존하는 방식의 '지속 가능한 개발'이 이루어져 할 것이다. 그런데 '지속 가능한 개발'이라고 해서 손대지 않고 내버려 두는 것만은 아니다. 이미 우리는 바닷가에 많이 '손을 댄' 상태이므로 방치하는 것만이 능사가 아니다. 바다의 환경이 어떻게 변화할지, 해일 위협은 언제 어디에서 높은지, 변화하는 기후 조건에서 바다 생태계의 건강을 유지하려면 어떻게 적극 대응해야 하는지 등을 과학적으로 이해해 깨끗하고 건강한 바다를 회복하는 방향으로 개발이 진행되어야 한다는 의미이다. 해안 모래가 거대한 규모로 이동하며 해안선이 변화하거나 플라스틱 등 해양 쓰레기가 특정 해안을 심각하게 오염시키거나, 인근에서 기름 유출 사고로 해양 생태계가 심각한 피해를 입거나 해일 및 태풍 등으로 해안 시설이 파괴되는 문제가 발생하면 적극적으로 개입해 바다를 살리기 위해 노력해야 한다. 아니 이러한 문제가 아예 발생하지 않도록 사전에 예방하는 조치에 적극 개입해야 한다. 바다라는 자연의 작동 원리를 과학적으로 이해하고 건강한 생태계와 깨끗한 환경이 유지되도록 적극적이고 체계적인 관리 노력을 꾸준하게 시행하는 한편, 과거 무분별한 개발로 파괴된 환경을 복원하는 노력도 병행할 때 비로소 천혜의 아름다운 바닷가를 가질 수 있다.

38

기후변화는
바다도 멈추게 할까?

바다가 지구 기후를 조절하는 원리를 가장 간단히 설명하면, 수온이 일정하지 않은 바닷물이 한곳에 있지 않고 흘러가면서 열을 수송하기 때문이다. **해류**를 타고 전 세계 바다를 돌고도는 거대한 순환이 제대로 작동하지 않으면 고위도에 열이 공급되지 않아 영화 〈투모로우〉에서처럼 빙하기가 찾아올 수도 있다. 끊임없이 일정한 방향으로 흐르는 바닷물의 운동을 해류라고 하는데, 기후변화로 해류도 항상 일정한 것이 아니라 어느 정도 변화가 생기는 것으로 밝혀졌다. 그러나 해류가 완전히 멈춰 버리는 일은 결코 발생하지 않을 것이다. 대서양에서 일부 해류가 조금만 약화되어도 북반구 중위도 지역에 빙하기가 도래할 수 있을 정도라서 바다가 아예 멈추는 극단적인 상황은 상상하기 어려운 지구 멸망 시나리오라 할 수 있으니 말이다.

해류는 바다 위에 부는 바람(해상풍), 수압 차, 중력, 전향력 등의 다양한 힘이 작용해 만들어진다. 전 세계 바다의 표층 해류 대부분은 바람에 의해 만들어진 취송류(wind-driven current)라 할 수 있다. 즉 무역풍, 편서풍, 편동풍으로 알려진 거대한 대기 대순환에 의해 바다 위에 부는 바람이 해표면에 응력을 가해 바닷속으로 운동량을 전달하고, 여기에 전향력과 마찰력의 영향이 더해져 대표적인 표층 해류들이 만들어지는 것이다. 이처럼 여러 해류로 구성된 거대한 순환 시스템을 환류라고 하는데, 저위도-중위도 사이에 존재하는 아열대 환류와 중위도-고위도 사이에 존재하는 아한대 환류가 대표적이다.

무역풍과 편서풍으로 말미암아 만들어지는 아열대 환류는 북태평양, 남태평양, 북대서양, 남대서양, 인도양(남반구)에 각각 1개씩 존재하며, 북반구에서는 시계 방향으로 남반구에서는 반시계 방향으로 회전하며 순환하는 해류들로 구성된다. 예를 들면 북태평양에는 서쪽 경계 혹은 서안 경계(동아시아)에서 열대의 따뜻한 해수를 북쪽으로 수송하며 북상하는 난류[37]인 쿠로시오, 중위도에서 동쪽으로 흐르는 북태평양 해류, 동쪽 경계 혹은 동안 경계(북미)에서 한대의 차가운 해수를 남쪽으로 수송하며 남하하는 한류[38]인 캘리포니아 해류, 적도 부근에서 서쪽으로 흐르는 태평양 북적도 해류로 구성되는 아열대 환류가 존재한다. 비슷하게 북대서양에는 서쪽 경계(북미)에서 북상하는 난류인 멕시코 만류(또는 걸프스트림), 중위도에서 동쪽으로 흐르는 북대서양 해류, 동쪽 경계(유럽)에서 남하하는 한류인 카나리 해류, 적도 부근에서 서쪽으로 흐르는 대서양 북적도 해류로 구성된 환류가 나타난다.

아열대 환류와 반대 방향으로 회전하는 아한대 환류는 편서풍과 편동풍이 만드는데, 북태평양에서는 오야시오 해류, 북태평양 해류, 알래스카 해류로 구성된다.

환류 내 서쪽 경계에서 흐르는 해류와 동쪽 경계에서 흐르는 해류를 각각 서안 경계류와 동안 경계류라고 부른다. 서안 경계류는 동안 경계류보다 폭이 좁고[39] 깊으며 강하게 흐르는 특성이 있다. 가장 대표적인 서안 경계류는 각각 북태평양과 북대서양 아열대 환류를 구성하는 쿠로시오와 멕시코 만류이다. 이들 해류는 같은 환

----

37   따뜻한 해수를 고위도 쪽으로 수송하는 해류. 반대는 한류.

38   차가운 해수를 저위도 쪽으로 수송하는 해류. 반대는 난류.

39   동안 경계류보다 폭이 좁지만 그래도 수백 킬로미터에 달한다.

류의 동안 경계류인 캘리포니아 해류와 카나리 해류에 비해 폭이 매우 좁고 깊게 발달하는 특징이 있으며, 유속도 매우 강해서 중심부에서는 초속 1m 이상[40]의 빠른 속도로 흐른다. 북태평양과 북대서양 아한대 환류의 서쪽 경계에서 남하하는 오야시오 해류와 래브라도 해류도 서안 경계류에 해당한다. 남태평양과 남대서양의 서안 경계류는 동오스트레일리아 해류와 브라질 해류이며, 동안 경계류인 페루 해류 또는 훔볼트 해류와 벵겔라 해류보다 폭이 좁고 깊으며 강하게 흐른다. 인도양에는 아굴라스 해류(또는 모잠비크 해류)와 소말리 해류가 서안 경계류에 속한다.

환류를 구성하는 해류 외에도 태평양과 인도양을 연결하는 인도네시아 통과류나 남빙양(남극해) 안에서 남극 대륙 주변을 서에서 동으로 흐르는 남극 순환류와 같이 독특한 해류도 있다. 이러한 대표적인 표층 해류는 하나의 해류가 아니라 여러 해류와 그 지류로 이루어져 해류 시스템으로 불리기도 한다. 대표적인 동안 경계류인 캘리포니아 해류는 남쪽으로 흐르지만 그 연안과 저층부에는 반대로 북쪽으로 흐르는 캘리포니아 반류와 캘리포니아 잠류가 나타나 이들을 하나의 캘리포니아 해류 시스템으로 부른다. 태평양, 대서

••••
40   해류의 유속은 전반적으로 느리기 때문에 초속 수 센티미터 혹은 그 이하로도 나타나는데, 서안 경계류의 유속은 예외적으로 매우 커서 초속 수십 센티미터 혹은 그 이상으로 나타난다. 바닷물은 일반적으로 강물보다 서서히 느리게 움직이지만 비교할 수 없이 거대한 규모로 나타나므로 전 지구적 열, 질량, 운동량, 물질과 에너지 수송에 크게 기여한다.

양, 인도양의 적도 부근에는 서쪽으로 흐르는 북적도 해류와 남적도 해류 사이에 반대로 동쪽으로 흐르는 적도 반류와 적도 잠류가 나타나는데, 이들을 적도 해류 시스템이라 부른다.

우리나라 주변에는 쿠로시오 해류에서 분기되어 동중국해를 거쳐 동해로 흐르는 대마 난류와 동한 난류 등의 분지류가 흐르며, 동해 북부 러시아 연안과 북한 연안을 따라 남하하는 연해주 한류 또는 프리모리에 해류 또는 리만 한류와 북한 한류가 알려져 있다. 이들 해류가 아예 멈추는 극단적인 상황은 일어나지 않겠지만 이들 해류의 작은 변동을 다양한 방식으로 감시하며 그 영향을 과학적으로 조사하는 것은 매우 중요하다. 기후변화로 나타나는 바다의 흐름 변화가 어떤 파급 효과를 가져올지에 대한 활발한 연구가 현재도 진행 중이다.

× 39 ×

지구온난화가
바닷물도 끓게 할까?

지구온난화로 땅과 하늘뿐만 아니라 바다도 심하게 가열되면서 잘 오르기 어려운 바닷물, 해수의 수온도 서서히 상승하고 있다. 하지만 해수의 끓는점(순수한 물의 끓는점보다 약간 높아서 섭씨 100.6도)에 이를 정도로 수온이 크게 상승할 가능성은 앞으로도 없다고 봐야 할 것이다. 바닷물은 **비열**이 매우 커서 대기의 기온이나 육지의 지온에 비해 잘 오르거나 내리지 않고 거의 일정한 온도로 유지되는 경향이 매우 강하기 때문이다. 바다에서는 육지보다 밤과 낮 사이의 일교차가 적어서 낮에는 육지가 빨리 가열되어 따뜻한 대기가 상승하므로 바다에서 육지 쪽으로 해풍이 부는 반면, 밤에는 육지가 빨리 냉각되어 상대적으로 따뜻한 바다 위의 대기가 상승하므로 육지에서 바다 쪽으로 육풍이 분다(해륙풍). 마찬가지로 여름과 겨울 사이의 연교차도 육지에서 더 크기 때문에, 여름에는 대륙이 빨리 가열되어 바다에서 대륙 쪽으로 부는 바람(우리나라에서는 태평양에서 불어오는 남동풍)이 우세하고, 겨울에는 대륙이 빨리 냉각되어 대륙에서 바다 쪽으로 부는 바람(우리나라에서는 대륙에서 불어오는 북서풍)이 우세하다(계절풍 혹은 몬순). 이러한 현상들은 기본적으로 해수의 비열이 육지에 비해 월등히 커서 수온이 거의 일정하게 유지되는 경향 때문에 나타난다.

그러나 이처럼 오르기 어려운 바닷물의 수온도 오늘날 지구온난화로 서서히 증가하고 있다. 대륙의 지온이나 대기의 기온처럼 빠르지는 않지만, 그리고 큰 폭으로 상승하고 하강하는 극심한 변동을 보이지는 않지만 전 세계 바닷물의 평균 수온이 서서히 그리고 조금씩 상승하고 있다. 특히 바다가 많은 남반구에 비해 대륙이 넓게 분포한 북반구의 바다에서는 표층 해수의 수온이 상대적으로 훨씬 빠르게 상승하는 중이다. 극단적으로는 북극해를 중심으로 해빙(sea ice)이 사라지며 태양복사에너지 반사 비율(알베도, Albedo)이 줄어들고 바다에 흡수되는 양이 증가하면서 **북극 증폭**(Arctic amplification)이라 불리는 바다의 온난화가 빠르게 진행 중이다. 오늘날 북반구 도처의 바다에서는 **해양 열파**(marine heatwaves)라 불리는 바닷물의 이상 고온 현상이 목격되는데, 마치 대기 중의 폭염처럼 특정 해역의 수온이 일시적으로 매우 높아지는 현상을 말한다.

해양과학자들의 관측 결과, 표층의 비교적 따뜻한 바다뿐만 아니라 심해에서도 매우 느리지만 수온이 꾸준히 상승하고 있는 것으로 나타났다. 수심이 수천 미터인 심해에서는 연간 0.001도 이하로 상승해 1000년 후에 고작 1도 이하로 오르는 정도에 불과했다. 그런데 남빙양(남극해)에서는 심해에서도 전 세계 바다의 평균보다 3배 이상 빠른 속도(연간 0.003도 이상)로 수온이 상승하고 있는데, 과학자들은 이를 심상치 않은 조짐으로 여기고 있다. 비열이 큰 바닷물의 특성을 고려하면 이처럼 매우 정밀한 수온 측정만으로 파악한 미세한 수온 차이에 상응하는 열에너지양이 어마어마하게 크다는 사실에 놀라움을 금치 못하기 때문이다. 미세한 수온 증가로 표현되지만 이로부터 산출할 수 있는 열에너지 흡수는 1970년대 이후 2010년까지 심해에서 78.2ZJ[41], 상층 해양에서는 이보다 큰 172.8ZJ로 40년 동안 해양 전체에서 250ZJ를 넘어섰다. 이것은 지구온난화로 증가한 열의 90% 이상이 바다에 흡수되고 있다는 이야기이기도 하며, 매년 바다에 흡수되는 열에너지 양은 지구상 모든 사람이 하루 종일 전자레인지를 100개씩 가동할 때 소모되는 에너지양과 같다. 2020년 한 해 동안 바다에 흡수된 열에너지양은

••••
41   제타줄(Zeta-joules). 1 ZJ=10^{21} Joules.

약 20ZJ로 추산되는데, 이것은 1초마다 원자 폭탄이 4개씩 폭발하는 수준의 에너지에 해당한다.

전 세계 모든 육상, 대기, 그리고 북극해, 고산 지대, 그린란드 및 남극 얼음 형태로 존재하는 바다를 제외한 모든 곳에서 지구온난화로 증가한 열에너지는 고작 7% 정도만 흡수되고 있다. 특히 대기에 흡수된 에너지는 겨우 2.3%인데, 이 작은 비율의 열에너지만으로도 지구 평균 기온이 1도 상승했을 정도다. 따라서 93%라는 매우 큰 비율의 열에너지가 흡수되어 내부적으로 순환하고 대기를 데우거나 식히며 기후에 심대하게 영향을 주는 바다를 빼고는 앞으로 기후를 이야기하기가 점점 더 어려울 것이다. 결국 지구온난화가 바닷물을 끓게 하지는 않을지라도 매년 어마어마한 규모의 열에너지가 바닷속에 저장되어 기후에 점점 더 지대한 영향을 끼칠 것임은 틀림없는 사실이다. 따라서 해양 순환으로 열이 어떻게 이동하고 어떤 수온의 바닷물이 표층에 드러나 대기를 데우고 식히는지에 대한 지속적인 감시와 연구가 필요하다.

기후변화로 바닷속에서는
어떤 일이 일어나고 있을까?

기후변화(climate change)로 육상에서 많은 일이 일어나며 기후위기(climate crisis)를 넘어 기후비상(climate emergency)이라는 표현까지 등장할 정도로 시급한 대책이 요구되고 있는 상황이다. 그런데 육상보다 훨씬 많은 열에너지를 흡수하는 바다에서 기후변화로 말미암아 아무 일도 일어나지 않는다면 오히려 이상한 일이다. 그렇다면 바다에서는 기후변화로 어떤 일이 일어나고 있을까? 우선 지구온난화로 증가한 열의 대부분에 해당하는 엄청난 규모의 열에너지가 바닷속에 축적되면서 표층부터 수심이 깊은 심해까지 수온이 서서히 상승하고 다양한 변화가 나타나고 있다. 바닷물도 담수처럼 수온이 상승하면 부피가 팽창(열팽창)하는데, 부피가 증가한 바닷물이 해저면 아래로 뚫고 들어갈 수는 없기 때문에 결국 **해수면**(sea level)이 **상승**한다. 또 수온이 높아진 바닷물은 바다에 맞닿아 있는 빙하를 빠르게 녹인다. 특히 그린란드나 남극 대륙과 같은 육상에 놓인 빙상(ice sheet) 형태의 거대한 빙하가 쪼개지고 분리되어 바닷물의 질량 자체를 크게 증가시키며 해수면을 빠르게 상승시키고 있다. 해수면은 파랑에 의해 수초마다 오르내리기를 반복하고 조석에 따라서도(이 경우에는 조위라고 함) 매일 규칙적으로 오르내린다. 또한 태풍이 근접할 때에는 저기압에 의해 폭풍 해일이 발생해 한 번씩 크게 오르기도 하는 등 끊임없이 오르내리는 것이다. 해수면은 육상에 비가 많이 오거나 강에서 바다로 유출되는 담수의 유량이 늘어나도 상승하고, 바람이나 해류에 의해서도 분포가 변화하는 등 변화 요인이 매우 다양하다. 그러나 변화무쌍한 기상과 달리 균형 있게 유지되어야 할 기후에서의 1도가 큰 문제인 것과 마찬가지로, 전 지구적인 평균 해수면이 수 센티미터, 수십 센티미터만 높아져도 해수면 상하 운동의 균형을 벗어난 심각한 기후변화 문제가 된다.

인공위성으로 해표면 고도를 정밀 측정하기 전에도 연안에서 조석에 의한 해수면(조위) 변동을 감시하기 위한 관측은 있었다. 그런데 본격적인 위성 관측 기간 이전의 전 지구 평균 해수면을 추정해 최근(1993년 이후)의 위성 관측 평균 해수면과 연결해 보면, 최근 30년의 해수면 상승은 산업혁명 후 화석 연료 사용이 늘어나며 지구 온난화로 알려진 인위적인 기후변화 과정에서 시작한 것임을 분명하게 알 수 있다. 지구 평균 기온 시계열 모양이 하키 스틱 그래프로 나타나며 100여 년 전부터 급등하기 시작해 오늘날 전례 없는 수준까지 이어진 것처럼, 평균 해수면 시계열도 100여 년 전부터 상승하기 시작했음을 뚜렷하게 보여주기 때문이다. 오늘날 과학자들은 다양한 기후 모델로 미래의 전 지구 평균 해수면을 전망하고 있는데, 예측의 불확실성을 감안하더라도 앞으로 해수면이 지금보다 더 빠르게 상승하는 것을 피하기 어려워 보인다. 다만 인류의 온실가스 배출 정도에 따라 그 정도가 크게 달라질 수 있어 만약 이산화탄소 등의 온실가스 배출을 크게 줄이는 시나리오에서는 2100년까지 50cm 이내의 상승에 그칠 수도 있을 것이라는 전망이 제기되기도 했다. 그러나 이러한 해수면 상승 전망은 항상 어느 정도의 불확실성을 지니며 기후변화 시나리오에 따라 그 전망이 바뀌기 때문에 기존의 전망치가 점점 더 좋지 않게 수정되고 있어 해수면이 수십 센티미터가 아니라 수 미터까지 오를 것이라는 전망에도 무게가 실리며 우려가 커지고 있다.

수온과 해수면이 오르는 물리적인 변화 외에도 오늘날 기후변화로 바닷속에서 나타나는 환경 변화는 다양하다. 그중 하나는 대기 중에 증가한 이산화탄소가 바닷속으로 녹아들어가 수소 이온 농도를 증가시키고, pH를 낮춰 **해양 산성화**(ocean acidification)를 유발하는 것이다. 원래 바닷물은 pH가 8.1~8.2인 약알칼리성을 띠는데, 이산화탄소가 바닷속에 점점 더 많이 녹아 물과 반응해 탄산을 만드는 과정에서 수소 이온이 증가해 pH가 낮아지는 것을 해양 산성화라 한다. 현재처럼 대기 중 이산화탄소 농도가 증가하면 21세기 말에는 pH가 0.2~0.4 정도 낮아 해양 산성화를 겪는다는 의미이다. 산성화한 바닷물에서는 저주파 음파의 흡수율이 낮아져 선박 소음 등이 음파로 소통하는 해양 포유류에게도 지장을 준다고 한다. 수산 자원 피해만도 산호초 파괴로 2100년까지 약 1조 달러, 어패류의 피해도 약 3천억 달러 규모에 이를 것으로 예상된다. 이처럼 전반적인 해양 생물의 생존이 위협받아 해양 생태계 건강에 악영향을 끼칠 것으로 우려하고 있다.

× 41 ×

바닷속 물고기는
어디에 많을까?

바닷속 환경은 각양각색인 데다 서로 다른 바닷물이 뒤섞이고 대기와 열을 주고받는 등 끊임없이 변화하는 역동성을 지닌다. 따라서 바닷속 물고기도 아무 곳에서나 서식하거나 한자리에 머무는 것이 아니라 계속 움직이므로 특정 물고기가 많은 바다와 그렇지 않은 바다가 구별된다. 바다 낚시를 할 때 물고기가 잘 잡히는 명당을 찾아다니는 것은 물고기가 서식 환경에 적합한 곳을 찾아 계속 이동하기 때문이다. 물고기뿐만 아니라 물고기가 잡아먹는 먹이(피식자)에 해당하거나 혹은 반대로 물고기를 잡아먹는 다양한 해양 생물(포식자)은 수온, 광량42, 영양분 등의 환경 조건이나 다른 생물종과의 포식/피식 조건, 그리고 생물종 간의 경쟁 등에 따라 크게 번성해 우점43하기도 하고 완전히 사라지기도 한다. 예를 들면, 해양 생태계의 가장 밑바탕이 되는(일차 생산이라고 부름) **식물성 플랑크톤**은 광량이 충분한 상층 해양에 영양분이 공급되거나 영양분이 충분한 환경에 빛이 잘 투과해 공급되는 경우에 광합성을 하며 잘 번성한다. 이들 식물성 플랑크톤은 광합성을 통해 육상 식물처럼 이산화탄소를 흡수하고 산소를 공급하는 역할을 담당한다. 식물성 플랑크톤은 동물성 플랑크톤을 비롯해 다양한 해양 생물의 먹이가 되어 생태계를 활성화하므로 해양의 생산력은 식물성 플랑크톤의 성쇠에 달려 있다. 식물성 플랑크톤이 번성해 일차 생산력이 높은 해역에서는 물고기 같은 어류도 많이 잡히는데, 캘리포니아 연안, 페루 연안과 같이 깊은 곳의 바닷물이 표층 부근으로 용승하는 곳이 대표적인 예다. 이러한 해역에서는 깊은 곳에 있던 영양분이 충분한 바닷물이 광량이 많은 상층에 공급되어 활발한 광합성이 일어나며 식물성 플랑크톤이 번성한다.

실제로 바닷물의 수온 등 물리적인 해양 환경이 바뀌면서 수산 어종이 완전히 바뀌는 경우를 종종 볼 수 있다. 세계에서 가장 생산

••••
42 바닷속으로 투과되는 태양 빛의 양.

43 우선적으로 혹은 우위를 점하여 지역적 환경에서 가장 많은 개체 수를 이룬 군집.

력이 높은 바다 중 하나인 베링해(Bering Sea)는 1970년 초반에 지금보다 수온이 훨씬 낮았으며 어류보다는 무척추동물인 새우류가 많이 분포했다. 그러나 1970년대 중반에 수온이 높아지며 어류의 출현이 우세해졌으며, 1980~1990년대 이후에는 새우류가 자취를 감추고 어류들이 주요 생물 그룹을 차지했다. 이처럼 **수산 자원량** 변화는 갑작스러운 기후 체제의 변환(climate regime shift)에 따른 해양 생물상의 큰 변화와 관련된다. 알래스카 곱사연어와 우리나라 근해의 곱사연어가 서로 왕래할 수 없을 정도로 멀리 떨어져 있지만 어획량이 거의 같은 형태로 증감하는 점이 그 증거이다. 즉 서로 멀리 떨어져 교류가 없는 어류 개체군이라 하더라도 이들을 통괄, 조절하는 거대한 규모의 기후 요소가 존재한다는 의미이다.

한반도 근해의 지난 50년간 어획 통계에서도 시대에 따른 수산 자원의 변화가 확연히 드러난다. 동해에서는 1960년대에 오징어가 많이 잡히고 명태가 적게 잡혔지만, 1970~1980년대에는 그 반대 현상이 나타났다. 그러나 1990년대에는 명태가 자취를 거의 감추었으며, 반면에 오징어가 다시 증가해 동해 전체 어획량의 절반 가까이 차지했다. 따뜻한 바닷물에 서식하는 고등어, 오징어 등의 생물들이 우리나라 수산 어획량의 70% 이상을 차지한 반면, 전통적으로 중요한 어업이던 동해의 명태 어업은 거의 자취를 감추었다. 특히 한국과 일본의 오징어 어획량 증감은 수온과 밀접한 관련이 있다. 예를 들면 1990년대에 수온이 높아지면서 동해에서 먹이가 되는 동물성 플랑크톤의 양이 급격히 증가한 것이 오징어 어획량 증가를 설명해 준다. 또 어류 산란 시기의 해양 환경이 몇 년 후 어획량을 결정하는 주요한 원인이 되기도 하는데, 황해의 깊은 수심에 사는 참조기는 치어 시기에 수온이 높은 안정적 환경을 경험한 개체군이 수온이 낮고 변동이 심한 환경에서 성장한 개체군보다 어획량이 더 많다.

그런데 우리나라 근해뿐 아니라 세계적으로도 인류가 수산 자원을 얻기 위해 활용하는 범위는 대부분 수심 200m 이내의 상층 해양에 불과하다. 그 아래의 심해는 빛도 없고 산소도 부족하며 수압은 어마어마하게 커서 생물이 살기 힘들 것으로 여겼기 때문이다. 그러나 전체 바다의 90%에 해당하는 이 심해에서도 현재까지 약 1,300여 종의 심해어가 발견되었으며 심해에 접근할 때마다 새로운 종이 발견되므로 아직도 발견하지 못한 종이 훨씬 많을 것으로 추산되고 있다. 심지어 전 세계 바다 중 산소 농도가 가장 낮아 **용존 산소 최소층**(Oxygen Minimum Zone)이라 불리는 무산소에 가까운 환경에서도 소형 두족류인 뱀파이어 오징어(Vampire squid) 혹은 박쥐 문어 같은 생물들이 살고 있다. 다양한 종류의 심해어들은 특수한 심해 환경에 적응하도록 기괴하게 생긴 종이 많은데, 심해에 대한 공포와 함께 종종 괴물 같은 모습으로 영화에 등장하기도 한다.

기후와 기후변화 - 바다와 얼음

최근의 기후변화는 깊은 심해의 물리적 환경까지 뚜렷이 바꾸고 있어서, 과학자들은 심해어를 비롯한 심해 생태계도 기후변화 영향을 피할 수 없을 것으로 보고 있다.

기후변화를 통한 바다의 물리적인 환경 변화뿐 아니라 직접적인 인간 활동으로도 수산 자원량이 크게 변화한다. 과거에는 부실한 자원 관리 때문에 고래와 같은 해양 포유류와 남빙양 어류 등 많은 생물종이 남획으로 절멸했거나 존속의 위기를 맞기도 했다. 최근에는 수산 자원 관리를 강화하면서 남획에 의한 절멸은 줄어들었다. 하지만 변화하는 기후와 해양 환경 조건에서 건강한 해양 생태계와 풍부한 수산 자원을 유지하려면 해양 생태계의 과학적 작동 원리를 더 잘 이해하고 이를 바탕으로 효율적이고도 효과적인 수산 자원 관리가 이루어져야 한다.

바닷속 어디에 물고기가 많이 사는가 하는 질문에 대한 답은 간단하지 않다. 기후변화는 물론이고 계속해서 바뀌는 수온 등의 물리적 환경부터 먹이사슬을 통한 섭식과 경쟁, 남획 등 인간 활동의 영향을 종합적으로 고려해 어종마다 서로 다른 바닷속에서 서로 다른 시기에 번성하는 원인을 파악하는 것이 해양과학과 수산과학의 중요한 연구 주제일 것이다.

태풍은
왜 생기는 것일까?

태풍(typhoon)은 흔히 강풍과 호우를 동반하며 우리에게 큰 피해를 입히는 무서운 기상 현상으로 알려져 있어서 하늘에서 내려온 것처럼 생각하기 쉽다. 그러나 태풍의 에너지원과 발달 및 소멸 과정을 고려하면, 바다와 분리해서 생각할 수 없다. 태풍은 북서 태평양 일대에 나타나는 열대성 저기압을 부르는 이름인데, 같은 열대성 저기압이라도 동태평양과 대서양에서는 '허리케인(hurricane)', 인도양과 남반구에서는 '사이클론(cyclone)'이라 부른다. 모두 열대 바다에서만 만들어지는데, 바닷물이 증발한 수증기가 응결하면서 방출되는 잠열(또는 숨은열, latent heat)이 열대성 저기압의 에너지원이기 때문이다. 북반구와 남반구의 무역풍이 대기를 적도 방향으로 모아 상승 기류가 활발하고 바닷물의 표층 수온이 가장 높은 열대 바다에서는 증발과 수증기 공급이 잘 일어난다. 이렇게 만들어진 열대성 저기압은 무역풍과 편서풍을 타고 중위도로 서서히 이동하며, 이 과정에서 태풍 아래의 바닷물이 공급하는 수증기에 따라 강해지거나 약해진다. 특히 따뜻한 바다 위를 지나면서 강해져 중심 기압은 낮아지고 중심 부근 풍속이 증가하는 특성이 뚜렷하다. 반면, 차가운 바다 위를 지나거나 육상에 상륙하는 경우에는 급격히 약해져 중심 기압이 높아지고 중심 부근 풍속도 감소하며, 종종 온대성 저기압으로 변하기도 한다.

서태평양과 동아시아 일대의 열대성 저기압, 태풍은 중심 부근 최대 풍속에 따라 **열대 저압부**(초속 17m 이하), **열대 폭풍**(초속 17~24m), **강한 열대 폭풍**(초속 25~32m), 그리고 **태풍**(초속 33m 이상)으로 발달 단계를 구분한다[44]. 태풍과 같이 북반구에 위치하는 열대성 저기압은 지표면·해표면 부근에서 중심부를 향해 모이는 기류가 반시계 방향으로 회전하고 중심 부근에서 상승 기류와 함께 두꺼운 적란운이 만들어져 폭우를 동반하며, 상층 대기에는 시계 방향으로 회전하며

· · · ·

[44] 우리나라에서는 일본 기상청과 같이 초속 17m 이상의 중심 부근 최대 풍속을 보이는 경우 모두 태풍으로 분류했으나, 최근에는 세계기상기구의 열대 저압부, 열대 폭풍, 강한 열대 폭풍 구분 기준을 따른다.

빠져나가는 기류를 형성한다. 남반구 사이클론의 경우에도 지표면·해표면 부근에서 중심부를 향해 모이는 기류가 만들어지지만 시계 방향으로 회전하고, 상층에서 반시계 방향으로 회전하며 빠져나간다. 강한 태풍일수록 중심 기압이 낮고 중심 부근 풍속이 커서 일반적으로 상륙할 때 더 큰 피해를 가져온다. 태풍의 강도는 중심 부근 풍속을 기준으로 단계를 구분하는데, 태풍과 맞닿은 바닷물 표층 수온 외에도 배경 대기의 수직적인 바람 구조 등 여러 요인에 의해 변화하기 때문에 태풍 경로와 함께 예보 시 중요하게 고려하는 부분이다.

다른 자연 재해나 재난에는 이름을 붙이지 않는데, 왜 태풍에는 이름을 붙일까? 열대성 저기압은 만들어져 소멸하기 전까지 여러 날 동안 지속되므로 여러 개가 동시에 존재할 수 있다 보니, 구분하기 위해 1953년부터 이름을 붙였다. 태풍에 처음 이름을 붙인 호주의 기상 예보관들은 싫어하는 정치가 이름을 붙이곤 했는데, 예를 들어 정치가 이름이 '앤더슨'이라면 "앤더슨이 엄청난 재난을 일으킬 수 있겠습니다."와 같이 예보했다. 제2차 세계 대전 이후 미 해군에서 공식적으로 태풍 이름을 붙일 때에는 예보관들이 아내나 애인의 이름을 사용했고, 그 후로는 남자 이름도 사용했다. 1999년까지는 미 합동태풍경보센터에서 정한 이름을 사용하다가 2000년부터 아태지역 태풍위원회 회원국(북한도 포함)별로 10개씩 제출한 총 140

기후와 기후변화 - 바다와 얼음

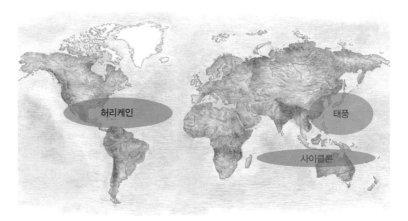

열대성 저기압 분포.

개 이름(남북한이 제출한 20개는 한글 이름이다)을 돌아가면서 사용한다. 보통 연간 25개 정도의 태풍이 만들어지니 이름을 다 사용하려면 약 4~5년이 걸리며, 그 후로는 다시 1번부터 재사용하기 때문에 과거에 사용했던 이름이 다시 사용되기도 한다. 그러나 이러한 태풍 이름도 영구히 살아남는 것은 아니다. 어느 회원국이 특정 태풍에 큰 피해를 입으면 태풍위원회에 해당 이름의 삭제를 요청할 수 있다. 북한에서 제출한 이름인 태풍 '매미'는 2003년 우리나라에 상륙해 막대한 피해를 입혀 '무지개'로 교체되면서 퇴출되고 말았다.

강한 태풍은
기후변화 때문일까?

    태풍은 수증기의 응결로 말미암아 방출되는 잠열(혹은 숨은열, latent heat)이 에너지원이므로 수증기 공급이 활발하게 일어나는 열대 바다에서 잘 생성된다. 기후변화로 바닷물의 수온이 상승함에 따라 더 강한 태풍이 만들어질 것으로 전망되고 있다. 생성된 태풍이 이동하며 따뜻한 바닷물 위를 오랜 시간 동안 지나다 보면 강도45가

••••
45   태풍 강도는 중심 부근 최대 풍속(10분 평균)에 따라 단계별로 구분한다. 2019년 3월 29일 이전에는 초강력 등급 없이 약(weak, 초속 17~25m), 중(normal, 초속 25~33m), 강(strong, 초속 33~44m), 매우 강(very strong, 초속 44~54m)의 4단계로 구분했으나 그 이후 약한 태풍은 '-'로 표시하고 초강력(super strong, 초속 54m 이상) 태풍을 신설해 중간 태풍, 강한 태풍, 매우 강한 태풍, 초강력 태풍의 4단계로 분류한다.

커지며 위력적인 태풍으로 발달한다. 따라서 에너지를 공급하는 해표면 바닷물 수온은 태풍의 특성을 결정하는 매우 중요한 원인이다. 실제로 전 세계에서 가장 수온이 높은 뜨거운 바다는 **열대 인도-태평양**에 분포하는데, 해양학자나 기상학자들은 표층 수온이 섭씨 29도가 넘어 '웜풀(warm pool)'로 불리는 이 해역을 자연 발전기 정도로 여긴다. 적도 수렴대의 강한 상승 기류를 형성하며 대기 대순환을 발생시키는 원동력이 되기 때문이다. 강력한 에너지원인 웜풀의 움직임은 흔히 엘니뇨(El Niño) 또는 반대로 라니냐(La Niña)로 알려진 태평양의 수년 주기 변동이나 '인도양 쌍극자 모드' 혹은 '다이폴 모드46(Indian Ocean Dipole)'로 알려진 인도양의 수년 주기 변동을 가져와 지구촌 곳곳에 기상 이변을 일으키는 것으로도 유명하다.

과학자들은 각종 증거들을 통해 인간 활동 영향으로 높아진 대기 중 온실가스 농도가 기온뿐만 아니라 바닷물의 수온도 상승시키고 있음을 보고하고 있다. 지난 60년간 인도-태평양 웜풀 면적의 3분의 1이 새로 만들어질 정도의 **웜풀 확장**도 바닷물 수온 상승의 중요한 예이다. 태풍을 만들어 내고 대기 대순환과 전 지구적 물 순

46   엘니뇨와 라니냐 현상이 열대 태평양 동부와 서부 사이의 표층 바닷물 수온 차이로 대기 순환이 바뀌며 나타나는 것과 유사하게, 열대 인도양 동부와 서부 사이의 표층 바닷물 수온 차이로 대기 순환이 바뀌며 나타나는 현상을 '인도양 쌍극자 모드' 혹은 '인도양 다이폴 모드'라고 부른다.

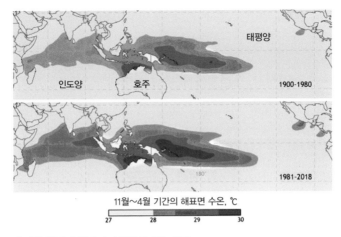

태평양

인도양　호주

1900-1980

180°

1981-2018

11월~4월 기간의 해표면 수온, ℃

27　　　28　　　29　　　30

인도-태평양 웜풀의 확장. (미해양대기청 제공).

환에 핵심적인 역할을 하는 웜풀 면적이 이처럼 커지면 태풍의 발생과 이동 경로, 태풍의 강도와 빈도는 물론이고 지구촌 곳곳의 기온과 강수 패턴도 변화할 수밖에 없다. 관련 연구가 활발히 진행되고 있으나 여러 과학자가 공통적으로 웜풀 확장과 바닷물의 수온 상승으로 앞으로 더 위력적인 태풍이 나타날 것이라 전망하고 있다. 이는 태풍에만 해당하는 것이 아니다. 웜풀 확장은 태평양뿐 아니라 인도양에서도 두드러져 사이클론의 특성 역시 변화시키고 있다. 태풍이든 사이클론이든 지역적인 위치만 다를 뿐 실제로는 동일한 열대성 저기압이므로 웜풀 확장에 따른 열대 인도양 해표면 수온 상승은 열대 태평양 해표면 수온 상승과 동일한 효과를 가져

기후와 기후변화 - 바다와 얼음

와 앞으로 더욱 위력적인 사이클론을 만들어 낼 것이다.

즉 기후변화로 앞으로는 초강력 태풍이나 초강력 사이클론이 더 빈번하게 발생하고, 우리나라가 속한 동아시아 일대와 호주, 아프리카 등에서도 전례 없는 폭우, 강풍, 홍수와 해일 등 악기상이 속출하는 등 전 지구적 기상 이변을 피하기 어려울 것이다. 이처럼 기후변화에 따른 바다 환경의 변화는 태풍과 같은 자연 재해 특성도 변화시켜 기후변화를 점점 기후재앙으로 만드는 원인이 된다.

× 44 ×

얼음은 왜
바다에 가라앉지 않을까?

　자연 변동성의 범위를 벗어나 인위적인 기후변화가 두드러지면서 오늘날에는 단순히 기온만 오르는 것이 아니라 지구 시스템을 구성하는 모든 요소에서 전례 없는 변화가 나타나고 있다. 심지어 고산 지대에 만년설 형태로 영구히 유지되던 얼음이나 그린란드와 남극 대륙에 놓인 거대한 **대륙 빙상**(ice sheet), 북극해에 떠 있는 **해빙**(sea ice), 그리고 추운 기후 때문에 결코 녹지 않던 영구 **동토**(Permafrost) 등 지구 구성 요소 중 얼음에 해당하는 빙권(cryosphere)까지 기후변화로 심각한 변화를 겪고 있다. 과학자들의 자발적인 활동으로 발간되는 '기후변화에 관한 정부간 패널(Intergovernmental

Panel on Climate Change, IPCC)의 정기 보고서는 기후변화로 인한 위협을 평가하고 세계 각국의 정책 결정자를 위한 기후변화 핵심 정보를 제공한다. 정기 보고서 외에 특별 보고서도 발간 중인데 최근에는 기후변화에서 해양과 빙권의 역할을 집중 조명하고 기후변화에 따른 각종 재난 재해에 대응하는 역량을 높이기 위해《해양과 빙권 특별 보고서(2019)》도 발간했다. 그만큼 지구의 기후를 이해하고 시나리오별 미래 기후를 전망하기 위해 바다와 함께 지구상 얼음의 역할이 중요하다는 의미이다. 빙산(iceberg), 유빙(drift ice), 해빙(sea ice)처럼 바다에 떠 있는 얼음은 특히 대기와 접해 있어서 바다는 물론 대기와도 상호 작용하며 지구의 기후를 조절하는 역할을 담당한다. 그런데 바다에 떠 있는 부분은 '빙산의 일각'에 불과하고 상당 부분은 해수면 아래에 잠겨 있다. 왜 얼음은 바다에 완전히 가라앉거나 바다 위에 완전히 뜨지 않고, 일부만 뜨고 대부분은 잠겨 있는 것일까?

흔히 '**빙산의 일각**'이라고 표현하는데, 여기서 일각(一角)이란 한쪽, 한 부분을 뜻하는 것으로 대부분 숨겨져 있고 겉으로 나타난 부분은 극히 일부분에 지나지 않는다는 뜻이다. 이것은 바다에 떠 있는 얼음, 특히 빙산이 전체 얼음 덩어리의 극히 일부분에 불과하고 해수면 아래에 대부분의 얼음 덩어리가 존재하는 것을 빗대어 표현한다. 실제로 배를 타고 북극해나 남극 대륙 부근의 결빙 해역을 항해하다 보면 수많은 빙산을 목격하는데, 잘 '피해서' 항해하는 것이 안전에 매우 중요하다. 해수면 위에 보이는 부분보다 훨씬 큰 부분이 바닷속에 있으므로 배가 빙산에 부딪히면 조난 등의 사고로 이어질 수 있다. 대표적인 것이 1997년 영화로도 제작되어 잘 알려진 1912년 4월 15일의 타이태닉호 침몰이다. 당시 타이태닉호는 이중 바닥과 여러 방수 격실을 만드는 등 최첨단 기술을 총동원해 절대 가라앉지 않을 거란 기대를 받았다. 그러나 빙산에 부딪혀 2,200명의 승선자 중 1,500명 이상이 심해 4,000미터 아래의 차가운 바다에 허무하게 수장되는 끔찍한 재해가 발생했으니 인간의 과학기술이 대자연 앞에 얼마나 무력한지를 잘 보여준다.

과연 얼마나 해수면 위에 드러나고 얼마나 더 큰 부피의 얼음이 빙산 아래에 있는 것일까? 이러한 질문들에 답하려면 우선 물의 밀도[47]에 대해 생각해 봐야 한다. 가로 1m, 세로 1m, 높이 1m인 정육면체(부피가 1m³)에 담긴 물의 질량은 1톤(1,000kg)이므로, 물의 밀도는 $1,000kg/m^3(=1.000g/cm^3)$로 생각할 수 있다. 하지만 이것은 어디까지나 섭씨 4도(물의 밀도가 최대가 되는 온도)에만 해당하는 이야기이며, 실제로는 온도에 따라 밀도가 달라진다(176쪽 참고). 섭씨 4도에서부터 온도가 증가할수록 밀도가 작아지는데 일반적으로 따뜻한 물은

••••

[47] 단위 부피당 질량. 즉 일정 부피의 물질이 얼마나 무거운지를 표현하는 물리량. 부피의 단위인 cm^3 혹은 m^3와 질량의 단위인 g 혹은 kg을 사용해 g/cm^3 혹은 kg/m^3 단위로 표시한다.

기후와 기후변화 – 바다와 얼음

차가운 물보다 가벼워서 차가운 물 위에 따뜻한 물이 놓인다. 아울러 이 온도, 섭씨 4도에서부터 온도가 감소해도 밀도가 작아지는데, 온도가 어는점(섭씨 0도)에 이르면 얼기 때문에 더 이상 물이 아니라 얼음이 되고, 액체 상태에서 고체 상태로 변화하며 밀도가 920kg/m³ 정도로 급격히 작아진다. 하지만 얼음 상태를 유지하며 온도가 감소하면 밀도가 다시 증가한다.

중요한 것은 바닷물이 얼면서 상태 변화를 겪으며 밀도가 이미 매우 작아진 상태라는 사실이다. 반면에 빙산 주위 바닷물은 소금기가 있어서 염분에 의해 밀도가 순수한 담수보다 더 큰데 1,025kg/m³ 정도고, 빙산과 그 주변 바닷물 사이에는 약 105kg/m³(=1,025-920kg/m³) 정도의 밀도 차가 생긴다. 물론 바닷물의 수온과 염분에 따라 밀도가 계속 변화하지만 빙산이 떠다니는 추운 바다에서는 변화 폭이 상대적으로 작아 밀도 차가 이 정도로 거의 유지된다. 아르키메데스 원리에 따르면 물에 잠긴 부피의 무게(중량)만큼 부력을 가지는데, 바닷물에 잠긴 빙산의 경우에도 빙산에 작용하는 부력이 그 전체 무게와 같아서 균형을 이루기 때문에 결국 빙산과 그 주변 바닷물의 밀도 비율(920/1,025≒90%)만큼 해수면 아래 잠긴다. 따라서 빙산의 90%는 해수면 아래에 가라앉고, 일각인 10%만이 해수면 위로 드러나는 것이다.

45

북극과 남극은
어떤 얼음으로 덮여 있을까?

바닷물이 증발해 수증기가 되고 구름 형태로 대기 중을 떠다니며 비나 눈을 뿌리고 강과 지하수를 통해 다시 바다로 흘러가는 것을 전 지구적 물 순환(water cycle) 혹은 수문 순환(hydrological cycle) 과정이라 한다. 여기에는 고산 지대나 고위도에 빙하 형태로 존재하는 얼음이 녹아내리거나 새로 생겨나는 부분도 포함된다. 북극과 남극에 가까운 고위도 지역에서는 태양 고도가 낮아 복사에너지 유입이 적으므로 추운 날씨가 계속되며, 쾨펜-가이어 기후 분류로는 한대 기후(E) 특히 그중에서도 빙설 기후(EF)가 나타난다. 지구상 최남단의 남극점(The South Pole, 90°S)이 위치한 남극 대륙은 육지로 되어 있어서 엄청난 두께로 쌓여 있는 빙상(ice sheet) 형태의 얼음을 볼 수 있다. 반면 지구상 가장 북쪽인 북극점(The North Pole, 90°N)은 북극해(The Arctic Ocean, 혹은 북빙양)로 불리는 바다 한가운데에 위치하고 있어서 바다에 떠 있는 얼음 즉, 해빙(sea ice) 위에 북극점 이정표를 표시해 두었다. 최근 지구온난화로 북극해의 해빙이 녹으면서 북극점 이정표가 얼음 위에 위태롭게 놓여 있는데, 영국의 사진작가 수 플러드(Sue Flood)가 그 모습을 사진에 담아 2021년 1월 12일 영국 왕립사진학회가 주최한 '올해의 과학 사진 작가전'에서 기후변화상을 수상하기도 했다. 빠르게 녹고 있는 해빙 위에 놓인 북극점 이정표와 달리, 평균 두께가 1.6km에 달할 정도로 두껍고 거대한 남극 빙상 위에 놓인 남극점은 지구 온도가 가파르게 상승하는데도 여전히 어는점보다 수십 도나 낮은 극한 추위를 느낄 수 있는 곳이다.

이처럼 지구상에는 다양한 형태로 얼음이 존재하는데, 북극해나 남극 대륙 주변의 바다인 남빙양(Antarctic Ocean, 혹은 남극해)에 떠 있는 해빙은 바닷물이 얼어 만들어지는 것이므로 육상에 있는 담수가 얼거나 눈이 누적되어 만들어진 빙하와는 생성 기원 자체가 다르다. 북극해 주변에도 남극 대륙 빙상과 유사하게 거대한 **빙상**(ice sheet)이 놓여 있는데, 그것이 바로 그린란드이다. 남극 대륙과 그린란드의 두 대륙 빙상과 바다에 떠 있는 해빙 외에도 육상 고산 지대에는 권곡빙하(cirque glaciers), 곡빙하(valley glaciers), 산록빙하(piedmont glaciers)라 불리는 다양한 **빙하**가 있고, 산 정상과 고원을 덮고 있는 빙상보다는 작은(5만km²이내 면적) 규모의 **빙모**(ice cap)도 있으며, 빙하가 바다로 흘러나와 바다 위에 떠 있는 **빙붕**(ice shelf)도 존재한다. 그러나 규모가 큰 대륙 빙상 형태의 얼음은 단지 두 곳, 북반구의 그린란드 빙상과 남반구의 남극 빙상으로 집중되어 있다. 그린란드 빙상과 남극 대륙 빙상은 두께가 수천 미터에 달하며(남극 대륙 빙상의 두께는 최대 4,300m임) 면적도 매우 넓어(그린란드 빙상보다 넓은 1,390만km²) 지구상 상당량의 얼음이 두 대륙 빙상에 모여 있다고 해도 과언이 아니다.

육상에 놓인 빙하는 고정되어 있지 않고 서서히 움직이는데, 고산 지대에 계속 눈이 쌓이고 빙하가 새로 만들어지는 것과 달리 낮은 곳으로 서서히 흘러내려와 **빙산**(iceberg)이 되어 해빙처럼 바다에 떠 있게 된다. 이처럼 바다 위에 떠서 흐르는 작고 다양한 얼음을 특히 유빙(drift ice)이라고 한다. 빙하가 낮은 곳으로 흐르다 보면 눈이 쌓이는 선, 설선(snow line)이 점점 낮은 고도로 내려오게 되며, 이곳에서는 눈이 쌓이기보다 녹는 것이 우세해 울퉁불퉁한 지표면 위를 지나거나 장력을 받으면 갈라진 틈이 만들어진다. 이를 **크레바스**(crevasses)라고 하는데, 보통 10m 안팎으로 깊은 균열이 생기며 아래 바닥에 얼음이 녹은 물이 흐르는 경우도 있고, 깊이가 수십 미

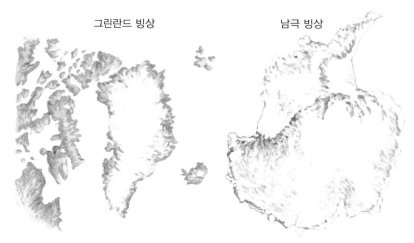

그린란드 빙상   남극 빙상

지구상 가장 거대한 두 대륙 빙상.

터에 달하는 것도 있어 빠지지 않도록 유의해야 한다. 이처럼 빙하에 균열이 가고 조각이 나면서 빙하 덩어리, 빙괴가 분리되어 나오는데, 특히 바다를 마주하는 곳에서는 **빙괴 분리**를 통해 빙산이 잘 만들어진다.

빙괴 분리를 통해 빙상으로부터 떨어져 나와 빙산이 된 얼음은 결국 녹아서 바닷물의 부피를 증가시키므로 해수면 상승의 주요한 원인이 된다. 입안의 사탕이 서서히 녹다가 깨물어서 잘게 쪼개면 금방 녹는 것처럼 거대한 대륙 빙상의 일부일 때보다 빙괴 분리로 떨어져 나온 빙산이 훨씬 잘 녹는다. 한편으로는 빙상 위에 계속 눈이 내려 쌓이고 빙하가 계속 만들어지지만 설선 아래에서는 빙

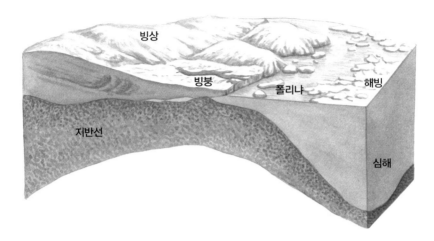

바다로 흘러나오는 빙하.

괴 분리 등을 통해 바다로 계속 흘러들어 녹고 있으니 이들 사이의 균형이 이루어지지 않으면 얼음의 양이 변화하게 된다. 지구온난화로 말미암은 해수면 상승도 결국 이 두 거대 대륙 빙상에서 얼음이 새로 만들어지는 양과 바다로 흘러가며 소멸하는 양 사이의 균형에 달려 있는 셈이다. 과학자들은 인공위성 원격탐사를 통해 그린란드 빙상과 남극 빙상에서 떨어져 나온 빙산 중 중요한 것에 이름을 붙이고 추적, 관리하며 연구하는데, 예를 들면 **서남극**(western Antarctica) 로스해(Ross Sea)에서 발견된 B-15 빙산은 면적이 크고 길이도 100km 정도에 달해 서울에서 대전까지의 거리에 육박한다.

지구온난화로 현재는 새로 생기는 빙하보다 사라지는 빙하가 월

등이 많아 균형을 한참 벗어난 상태인데, 인공위성으로 2006년부터 2015년까지 추적한 그린란드의 **순빙하 손실량**(소멸되는 양과 생성되는 양의 차이)은 평균적으로 매년 약 280기가톤(Gigaton), 즉 2,800억 톤에 달한다. 세계 인구 77억 명으로 나누면 1인당 매년 36톤, 즉 매달 3톤의 그린란드 빙상을 녹이는 셈이다. 이보다는 적지만 남극 빙상에서도 서남극을 중심으로 빠르게 빙하가 사라지고 있는데, 전체적으로는 남극 빙상 전체의 순빙하 손실량이 매년 약 125기가톤 즉, 1,250억 톤으로 산출되었다. 마찬가지로 세계 인구 77억 명으로 나누면 1인당 매년 15톤, 매달 1.4톤의 남극 빙상을 녹이고 있는 셈이다. 그린란드 빙상과 남극 빙상을 합쳐 인류가 배출한 온실가스를 통해 현재처럼 각자 매달 4.4톤씩의 얼음을 녹이는 한, 앞으로도 해수면 상승을 멈추기는 어려울 것이다.

46

빙하가 녹으면
가장 먼저 물에 잠기는 곳은 어디일까?

바닷물 수온이 오르고 빙하가 녹으며 해수면이 점점 높아지면 물에 잠기는 곳이 늘어날 테니 과연 어디가 해수면 상승에 취약한 곳일지 궁금하지 않을 수 없다. 빙하가 녹거나 바다 위에 비나 눈이 오고, 강이나 지하수를 통해 바다로 흘러가는 물의 양이 증가할수록 해수면은 더욱 높아지고, 이에 따라 물에 잠기는 곳이 많아질 것이기 때문이다. 이렇게 담수가 바닷물에 추가되며 질량 자체가 늘어나는 효과뿐 아니라, 질량이 일정하더라도 바닷물 수온이 높아지면서 열팽창에 따라 부피가 늘어나는 효과가 더해져 해수면이 더 상승할 수 있다. 또 지반 침하도 고려해야 하는데, 지반이 침하된 곳에는 바닷물이 내륙 안쪽으로 쉽게 들어와 더 많이 잠길 수 있기 때문이다. 이렇듯 여러 요인으로 오늘날 전 세계에서 물에 잠겨 사라질 위기에 처한 섬나라나 저지대 국가, 그리고 해안 지역에 사는 사람들은 큰 위협을 느끼고 있다. 미국은 주요 도시들이 태평양과 대서양 연안에 위치하며 인구의 절반 정도는 해안으로부터 약 80km 이내에 살고 있다. 중남미나 아시아, 아프리카, 유럽도 주거 형태가 비슷해 전 세계 인구의 40~44%는 해안 지역에 거주하며 **해수면 상승** 영향을 직접적으로 받는다. 당장은 가능성이 거의 없지만 혹시라도 남극 대륙 빙상이 모두 녹으면 해수면이 73m, 그린란드 빙상이 다 녹으면 해수면이 6.5m 상승할 것이다. 조금 더 현실적인 시나리오에 따라 만약 100년 후 해수면이 1m 상승하면 이탈리아 베니스, 200년 후 3m 상승하면 미국 샌프란시스코와 뉴욕 맨해튼 저지대, 400년 후 6m 상승하면 중국 상하이와 스코틀랜드 에든버러가 바닷속에 수장될 것으로 예측된다. 그러나 앞에서 언급한 것처럼 해수면 상승은 다양한 기후변화 시나리오에 따라 달라지며 모델의 예측 불확실성까지 고려해야 하므로 미래 해수면 상승 전망치는 계속 수정되고 있다. 점점 더 악화일로에 있는 기후변화 시나리오에 따르면 기존 전망치보다 새 연구 결과의 해수면 상승 전망치가 더 높아지면서 2050년만 되어도 호치민 등 베트남 대부분의 국토와 중국 상하이, 인도 뭄바이, 태국 방콕 등이 잠기는 것

기후와 기후변화 - 바다와 얼음

으로 전망되어 우려를 더하고 있다.

기후변화로 인한 해수면 상승은 평균 해수면이 서서히 오르는 것을 의미한다. 원래 해수면은 여러 요인으로 오르내리기를 반복하는데, 이렇듯 시시각각 달라지는 해수면 변동과 장기적인 평균 해수면 상승은 서로 구분할 필요가 있다. 마치 기후변화로 말미암은 기후에서의 장기적인 평균 기온 상승을 시시각각 변화하는 기상(날씨)와 구분하는 것과 같다. 오늘날 인위적인 기후변화로 나타나는 평균 해수면의 상승 문제는 파도가 치며 해수면이 오르내리는 **파랑**(waves)48 현상, 밀물과 썰물에 따른 **조석**(tides)49 현상, 해상풍이 불며 바닷물이 밀려가 해수면이 오르내리는 현상, 태풍이나 폭풍에 의해 낮아진 기압이 해수면을 들어올리는 폭풍 해일 현상 등 다양한 요인으로 인한 해수면의 자연 변동성과는 차원이 다른 문제라는 뜻이다. 밀물이거나 태풍이 근접하면 기압이 낮아져 해수면이 수 미터까지 오르기도 하니, 평균 해수면이 연간 수 밀리미터 상승

• • • •

48   바다 위에 부는 바람(해상풍)에 의해 생기는 풍랑(wind wave)과 멀리서 만들어진 풍랑이 전파되어 온 너울(swell)을 부르는 용어. 해양에 존재하는 여러 파동 현상 중에서 중력을 복원력으로 하는 중력파이자, 비교적 짧은 1~30초 주기를 가지는 해표면의 파동으로 표면파(surface wave)에 해당한다.

49   지구와 상대적인 달(moon)과 태양(sun)의 위치가 변하며 바닷물에 작용하는 힘(기조력)에 의해 규칙적으로 해수면이 오르내리고 흐름이 변화하는 현상을 의미한다. 달과 태양이 지구와 일직선상에 위치하는 삭(그믐)이나 망(보름)에는 서로 수직으로 위치하는 상현이나 하현에 비해 그 효과가 크고 '사리(spring tide)'로 부른다. 반달을 보게 되는 상현이나 하현에는 조석 효과가 작으며 '조금(neap tide)'이라고 한다.

하거나, 수십 년 후에 고작 수 센티미터에서 수십 센티미터 상승하는 것을 그리 대수롭지 않게 여긴다면 마치 기후에서의 1도를 기상에서의 1도와 구분하지 못하는 것과 다름없다. 기온처럼 해수면 역시 시간에 따라 끊임없이 오르내리며, 지역적으로도 한 곳에서 오르면 다른 곳에서 낮아져 오랜 기간 동안 평균을 유지해 왔다. 그러나 오늘날 기후변화로 물 순환(water cycle) 혹은 수문 순환(hydrological cycle)이 변화하며 해수면의 균형이 깨지고 평균 해수면이 지속해서 오르고 있으니 문제라는 뜻이다.

이러한 불균형 상태에서는 과거에 비해 내륙 깊숙이 바닷물이 들이닥치는 일이 잦아지면서, 해안가가 과거보다 더 빈번하게 침수되고 토양의 염분이 증가해 농작물 피해를 입는다. 또 홍수의 빈도와 강도가 증가하고, 해안도로도 더 자주 폐쇄되며, 산업체와 주택 모두 지하에서 물을 퍼 올리는 펌프 사용 등으로 더 많은 에너지가 소비될 수밖에 없다. 즉 기후변화로 단순히 평균 기온만 오르는 것이 아니라 극한 기상 현상이 더 자주 발생하는 것처럼 평균 해수면이 높아진 상태에서는 해수면의 자연 변동 특성이 달라지거나 같은 해수면 변동에도 침수 피해가 더 빈번해진다. 예를 들면 미국 메릴랜드주의 아나폴리스에서는 1950년대에 연간 네 차례 발생했던 홍수가 2014년에는 해수면 상승으로 인해 연간 사십 차례 발생했다고 한다.

오늘날 전 지구적인 해수면 상승 문제에서 자유로운 국가는 없다. 최근 미국 비영리단체인 클라이미트 센트럴(Climate Central)은 기후변화에 따른 해수면 상승 영향 범위가 기존 전망보다 3배에 달해 오는 2050년까지 집을 잃게 될 사람이 1억 5천만 명에 이를 수 있다는 논문을 발표하기도 했다. 과거에는 **해수면 상승**을 기후변화로 인한 환경 문제 정도로만 인식해 왔으나 전 세계적으로 상당 규모의 해안 지역이 침수 위험에 포함될 것으로 전망되면서 오늘날 인도주의와 군사 안보 문제로까지 확장된 것이다.

해수면 상승 문제로 큰 피해를 입는 국가는 온실가스를 많이 배출하며 산업 활동을 해 왔던 서구 선진국들이 아니라 인위적 기후변화 원인을 거의 제공하지 않은 국가들이기 때문에 사회 정의(기후 정의로 부르기도 함) 차원의 문제가 되기도 한다. 얼마 전에도 아프리카 서부 해안에 위치한 세네갈의 도시, 쌩 루이(Saint-Louis)에서는 해수면 상승 때문에 물에 잠길 위기에 처한 곳이 늘어나 수백 명의 이주민이 발생하며 농지를 파괴해 식량 부족 문제로 이어질 위험까지 높아졌다. 이처럼 오늘날 저개발 국가 중에는 해수면 상승에 취약한 국가가 매우 많다. 태평양 한가운데 33개의 섬으로 구성된 오세아니아의 섬나라인 키리바시(Kiribati)나 투발루(Tuvalu)는 해발 고도가 2~3m로 낮아 해수면 상승으로 전 국토가 물에 잠길 위험에 처해 있으며, 이미 식수와 농경 문제에 시달리고 있다. 투발루는 오래 전인 2001년에 국토 포기를 선언하고 자국민을 해외로 이주시키기 위해 노력 중이지만 현재 뉴질랜드 외에는 모든 국가가 거부해 매년 소수의 국민들만 뉴질랜드로 이주 중이다. 모히토로 유명한 인도양의 아름다운 산호섬 몰디브 역시 해발 2.5m의 낮은 고도에 있어 2004년 인근 지진 해일(쓰나미) 발생 당시 수도의 절반이 잠겼을 정도로 해수면 상승에 취약한 국가이다. 국토의 10%가 해수면보다 낮은 방글라데시도 태풍이나 집중 호우 시 수해를 크게 입는 나라인데, 해수면 상승으로 바닷물이 점점 농지로 밀려와 농사를 망치는 일이 늘면서 많은 사람이 해안 지역을 떠나 수도인 내륙의 다카(Dacca)로 이주하고 있다(이주자의 70%가 환경적 어려움 때문에 이주하고 있다). 다카의 인구는 하루에 2천 명씩 늘어나 현재 1,800만에서 조만간 4천 만에 이를 것으로 전망된다. 태평양과 인도양 사이에 있는 1만7천 개의 섬으로 이루어진 인도네시아 역시 해수면 상승과 지반 침하로 2100년까지 해안 도시 대부분이 바닷물에 잠길 것으로 전망된다. 특히 수도였던 자카르타는 연평균 7.5cm씩 지반이 침하하고 있어 도시 면적의 40%가 이미 해수면보다 낮아졌고, 급기야 인도네시아 정부는 최근 수도를 보르네오로 옮기는 수도 이전 계획을 발표했다. 베트남도 인구의 4분의 1인 2천만 명이 거주하는 남부의 거의 모든 지역이 해수면 상승으로 잠길 것으로 전망되면서 막대한 피해가 예상되고 있다. 당장 임시 방편으로 방파제 등의 해안

기후와 기후변화 - 바다와 얼음

시설을 설치해야 하지만 장기적으로는 해안가 위험 지역에 사는 인구를 재배치하는 정책적 노력도 중요해 보인다.

전 세계적으로 강과 바다가 만나는 삼각주에는 곡창 지대가 많다. 나일강, 메콩강 등의 큰 강 부근 삼각주와 같은 해안 지대에서 해수면 상승으로 농업이 타격을 입어 식량 위기로 이어질 우려가 있으며, 이는 해당 국가만의 문제로 끝나는 것이 아니라 전 세계적인 식량 위기를 가중시킨다. 또 다수의 역사 문화 유적지들도 침수 위험 지역에 포함되어 직접적인 해수면 상승 침수 위협이 없더라도 간접적으로 이 문제에서 자유로울 수 있는 국가는 없다.

그렇다면 우리나라는 직접적인 침수 위협 없이 간접적인 영향만 받는 비교적 안전한 국가일까? 그린피스는 한반도 역시 해수면이 1m 상승하면 서울의 1.6배 면적이 침수되고, 인천이나 부산 같은 해안가 대도시의 심각한 피해가 우려된다고 발표했다. 인천국제공항 대부분은 바다에 잠기고 경기도 시흥, 안산, 화성 일대까지 바닷물이 밀려들 것으로 예상된다. 부산도 김해공항 인근까지 바닷물에 잠겨 공항 기능이 마비될 수 있다. 물론 해수면이 1m 상승한다는 비교적 극단적인 시나리오를 반영한 것이지만 좀 더 현실적인 시나리오에서도 파랑에 의한 해안 시설 피해 또는 태풍이나 해일 피해가 가중되는 등 해수면 상승 피해가 심각할 수 있어 직접적인 침수 피해 대비가 필요하다.

× 47 ×

빙하가 녹아서
해수면이 상승하는 걸까?

녹고 있는 빙하 외에도 해수면을 상승시키는 요인은 여러 가지가 있다. 기후변화로 오늘날 바닷물 수온이 오르고 있는데, 바닷물 즉 해수는 수온이 높아지면 **열팽창**(thermal expansion)을 하기 때문에 질량이 동일해도 부피가 커져서 해수면이 상승한다. 또 바닷물이 증발해 대기 중의 수증기로 변하는 양보다 비나 눈을 통해 바다에 내리는 강수량이 더 많아도 해수의 부피가 증가해 해수면이 상승할 수 있다. 육상에도 과거보다 비나 눈이 더 많이 내리고 강과 지하수를 통해 바다로 유출되는 담수량이 많아지면 해수면이 더욱 상승할 수 있다. 중요한 것은 균형이다. 새로 생성되는 빙하의 양과 녹아서 소멸되며 바다로 흘러가는 빙하의 양이 서로 균형을 이루면 해수면 상승에 영향을 미치지 않을 것이다. 마찬가지로 대기가 바다에 공급하는 열에너지양과 바다가 대기에 공급하는 열에너지양이 서로 균형을 이루면 바닷물의 수온이 증가하지 않아 부피가 커지는 일이 발생하지 않으므로 해수면이 상승하지 않을 것이다. 또 전 지구적 물 순환도 균형을 유지해 바닷물의 증발량과 바다에 내리는 강수량 및 바다로 유출되는 담수량이 동일하게 유지되어 서로 균형 상태에 있다면 해수면이 상승할 일은 없을 것이다. 문제는 인위적인 기후 변화로 이러한 균형이 깨지고 빙하의 순손실량이 누적해서 증가하고 있으며, 바닷물의 수온도 지속적으로 증가하고 전 지구적 물 순환과 강수 패턴에도 과거와 다른 변화가 나타나 각종 기상 이변이 속출하는 점이다.

인공위성에 부착된 센서로 해표면까지의 거리를 측정해 본격적으로 해수면 고도를 측정하기 시작한 것은 1993년부터다. 그 후로는 비교적 정확한 평균 해수면을 지속적으로 관측하고 있기 때문에 실제로 해수면이 얼마나 빠르게 상승하는지를 알 수 있고, 빙하가 사라지는 양과 수온이 증가하는 정도에 따른 열팽창을 계산해 관측된 평균 해수면의 변화와 비교할 수 있다. 특히 2000년대부터 과학자들은 부력을 조절하며 스스로 바닷속에서 오르내리며 수온의 수직 구조를 자동 측정해 데이터를 보내주는 무인 해양 관측기기를 운용하고 있어서 바닷물의 수온 상승으로 인한 열팽창이 해수면을 얼마나 상승시키는지도 알 수 있다. 과학자들은 그린란드와 남극 대륙의 두 거대 빙상도 인공위성으로 지속해 감시하면서 두께 변화를 통해 빙하 손실 질량과 그에 따른 해수면 상승 기여분을 파악하고 있다. 이들을 종합하면 평균 해수면은 1990년대, 2000년대, 2010년대를 거치며 약 10cm 가까이 상승했는데[50], 수온 상승 효과와 빙하 손실 효과를 합하면 거의 관측된 해수면 변화 전체를 설명할 수 있다. 오늘날 평균 해수면 변화의 주요 원인이 바닷물 수온 상승에 따른 열팽창과 빙하 손실에 의한 질량 증가라는 것이다. 2000년대 중반까지는 이 두 효과가 거의 같아 각각이 해수면 상승의 절반씩을 설명했으나 점차 질량 증가가 열팽창보다 커지면서 빙하 손실 문제가 더욱 중요하게 대두되고 있다. 그러나 이것은 어디까지나 지구 전체적으로 그렇다는 것이지 지역적으로도 빙하 손실 효과가 항상 열팽창 효과보다 크다는 것은 아니다. 바닷물 수온이 빠르게 증가하는 해역에서는 여전히 열팽창으로 인한 해수면 상승이 매우 가파르게 나타나고 있기도 하다.

또한 인공위성으로 관측하기 전에도 각국 연안에서 조석 현

•••••
50 곳곳에서 시시각각 변화하는 기상에서 기온이 수십 도 오르내리는 것과 달리, 장기간의 평균 상태를 나타내는 기후에서는 1도만 올라도 지구온난화라는 심각한 기후 문제로 인식하듯이, 단기간에 국지적으로 수 미터씩 오르내리는 해수면의 자연 변동과 달리 평균 해수면에서의 변화는 수 센티미터만 되어도 심각한 문제로 인식된다.

기후와 기후변화 - 바다와 얼음

해수면 고도, cm

수온 상승에 의한 열팽창 효과와 빙하
손실에 의한 질량 증가 효과의 합

빙하 손실에 의한
질량 증가 효과

인공위성 관측
지구 평균 해수면 고도

수온 상승에 의한
열팽창 효과

연도

1995   2000   2005   2010   2015   2020

1993-2018년 사이의 전 지구 평균 해수면 상승 기여도 평가. (미해양대기청 제공)

상 등에 의한 해수면 고도 변화를 장기간 측정해 왔기 때문에 해양과학자들은 전 세계 연안에서 측정된 해수면 고도를 평균해 보다 장기적인 해수면 상승도 조사 중이다. 이 연구 결과에 따르면 1900~1930년만 해도 평균적으로 연간 0.6mm/yr의 비율로 서서히 해수면 상승했고, 1930~1992년 기간에는 연간 1.4mm/yr의 비율로 다소 증가된 속도로 해수면이 상승했으나, 인공위성 관측이 병행된 최근 1993~2015년 기간에는 2.6~3.3mm/yr의 훨씬 빠른 속도로 해수면이 상승 중이다. 평균 해수면 상승이 가속화되고 있는 것이다.

앞에서는 빙하가 녹아 사라지는 효과 외에도 해수면을 상승시킬 수 있는 바닷물의 수온 증가에 따른 열팽창 효과를 생각해 봤다. 하지만 빙하가 녹으면서 발생하는 문제가 해수면 상승으로만 그치는 것은 아니다. 지구 평균보다 빠르게 온난화하고 있는 북극해에서 해빙(sea ice)이 녹아 사라지면서 북극곰이 멸종 위기에 처한 것은 이미 잘 알려져 있다. 먹이사슬 최상위 포식자로 한때 북극의 제왕으로 불리며 생태계 균형에 중요한 역할을 담당해 온 북극곰은 오늘날 헤엄치며 사냥하고 휴식하고 새끼를 낳을 터전인 해빙이 부족해 기후 난민 같은 신세로 전락했으며 멸종 위기에 놓여 있다. 북극곰이 툰드라 내륙에 머무는 시간이 많아지면서 내륙에 거주하는 생물체(인간 포함)와 충돌이 잦아져 불법 사냥이 빈번해지기도 한다. 그뿐 아니라 북극의 해빙이 사라지는 현상은 북극 소용돌이(polar vortex)를 약화시켜 중위도 상공의 제트기류 경로가 구불구불해지며 사행(meandering)하도록 만들어, 우리나라를 포함한 동아시아, 유럽, 북미 지역에 종종 극심한 '북극 한파'를 가져오기도 한다. 한파나 폭설 같은 기상 이변이 기후변화로 사라지는 빙하와 무관하지 않다는 말이다. 또 얼어붙어 있던 땅, 영구 동토층이 녹으며 메탄 같은 온실가스가 대량 방출되고, 봉인된 각종 병원균이 깨어나며 전염병을 발생시킬 우려도 커지고 있다. 지난 2016년에는 시베리아 동토층이 녹으며 순록 2,300마리가 떼죽음을 당한 원인으로 얼어 있던 동물 사체에서 나온 탄저균을 의심했고, 티베트 고원에서 수집한 빙하에서 28종의 새로운 바이러스 유전자가 발견되기도 했다. 이처럼 빙하가 녹는 현상 역시 지구온난화와 마찬가지로 단순히 기온 조금 오르거나 얼음 조금 사라지는 차원의 문제가 아니다. 심각한 지구 환경 전반의 변화와 함께 환경 오염, 자원 쟁탈, 생물 다양성 감소, 바이러스 충격 등을 통해 지구를 거주 불능 상태로 만드는 전반적인 지구 환경 위기의 한 단면인 것이다.

× 48 ×

바닷물은
왜 산성으로 변할까?

사실 기후가 아무리 변해도 바닷물이 pH 7 이하인 산성이 될 가능성은 거의 없다. **해양 산성화**(ocean acidification)는 현재 pH가 8.1~8.2인 약알칼리성을 띠는 바닷물 즉 해수의 pH가 점점 낮아지며 산성에 가까워지는 '산성화'를 의미하는 것이지 pH가 7 이하인 실제 산성으로 변한다는 의미는 아니다. 지구온난화로 아무리 해수의 수온이 증가해도 끓는점까지 도달하지는 않을 것으로 생각하는 것과 마찬가지로 해수가 완전히 산성이 될 것으로 전망하지는 않는다. 만약 현재와 같은 추세가 지속되면 21세기 말에는 pH가 0.2~0.4 정도 낮아질 것으로 전망되고 있다. 그러나 이 정도 수준의 pH 변화도 과거에는 쉽게 볼 수 없었던 인위적인 기후변화로 말미암은 것이다. 지질학적인 시간 규모로 과거에 해양 생물종이 대량 멸종했던 시기에도 해양 산성화가 진행되었던 것으로 알려져 있다. 당시 산호 생태계가 복원되는 데에 백만 년 넘게 걸린 것으로 추정되고 있다. 수백만 년에 걸쳐 서서히 진행되었던 과거의 해양 산성화와 달리 오늘날의 해양 산성화는 산업혁명 이후 250년 만에 pH가 0.1 정도 낮아지는 약 100배나 빠른 인위적인 변화로, 이처럼 급격한 pH 감소는 해양 생태계를 심각하게 훼손시킬 우려가 있다. 특히 전반적인 해양 생물의 호흡과 생리 등에 영향을 미칠 뿐 아니라 무엇보다도 탄산칼슘 골격을 가지는 산호, 굴 등의 생존에 치명적이어서 피해가 클 것으로 예상된다. 현재 산호초 생태계는 전 세계 25%의 해양 어종에게 서식처와 먹이를 제공하고 있다. 5억 명의 사람이 생계와 식량을 산호 생태계에 의존하는 상황이다. 해양 산성화는 이러한 산호 생태계를 고갈시킬 것은 물론, 전반적인 해양 생태계의 건강과 먹이사슬, 생물 다양성, 나아가 수산 자원에까지 악영향을 미칠 수 있는 큰 문제인 것이다. 또 해양 산성화가 진행되면서 대기 중 이산화탄소를 흡수하는 해양의 완충 능력도 점점 줄어들어 대기 중 이산화탄소 농도가 과거보다 더 빠르게 증가하므로 지구온난화 가속 우려까지 더해지고 있다.

그렇다면 해양 산성화는 왜 발생하는 것일까? 전 지구적 물 순환

(water cycle) 혹은 수문 순환(hydrological cycle)과 마찬가지로 물·수증기·얼음뿐만 아니라 질소, 탄소, 산소 같은 화학적 원소들도 지구 시스템 내부에서 끊임없이 순환하는데, 이를 **생지화학적 순환**(biogeochemical cycle)이라 한다. 즉 탄소도 대기 중 이산화탄소 형태로 머물다가 바다에 흡수되면 식물성 플랑크톤의 광합성에 사용되고, 입자 형태의 유기탄소로 변환되어 심해로 가라앉거나 미생물에 의해 분해되며, 어떤 바다에서는 대기로 방출되어 탄소 순환을 완성하기도 한다. 그런데 문제는 인간 활동으로 대기 중 이산화탄소가 지속적으로 증가하면서 바다에 흡수되는 탄소량이 대기로 방출되는 탄소량보다 더 많아 서로 균형이 깨지고 해수 중 용존 탄소 농도가 꾸준히 증가하고 있다는 점이다. 바다와 대기 사이의 탄소 농도 차이가 커지면 화학적 균형 때문에 바다로 탄소가 흡수된다. 바다에 녹아 흡수된 탄소는 해수와 화학적으로 반응해 탄산(H_2CO_3)을 만들며, 수소 이온(H^+) 농도를 증가시키므로 결국 pH가 낮아져 '산성화'되는 것이다. 해양의 이산화탄소 흡수는 탄소 포화도와도 관련되어 해수의 수온과 반비례하는 특성이 있으므로 고위도에 위치한 바다와 깊은 곳의 해수가 표층으로 올라오는 용승 해역에서 산성화 효과가 더욱 뚜렷하게 나타난다. 인류가 당장 온실가스 배출량을 줄이더라도 현재 진행 중인 해양 산성화를 바로 멈추기는 어려울 것이므로 대응책 마련이 매우 시급하다.

바다가 오염되어
기후가 바뀔 수도 있을까?

오랜 인류의 역사에서 각종 권위로부터 해방되어 온 인류는 오늘날 전례 없는 자유를 누리며 물질적으로 풍요로운 세상을 불러왔다. 그러나 이러한 물질적 성장 과정에서 지구 환경이 심각하게 훼손된 것도 사실이다. 문제는 환경 오염과 온실가스 배출을 통한 인위적인 기후변화가 이제 인류의 생존을 위협하는 수준까지 도달했으며 지속 가능한 방식으로의 대전환 없이는 공멸을 피하기 어렵다는 사실이다. 육상은 물론 하늘과 바다도 심각하게 오염되어 기후 문제 외에 각종 토양 오염, 대기 오염, 해양 오염 문제로 각국 정부가 골머리를 앓고 있다. 그런데 과연 이러한 환경 오염 문제도 기후와 관련이 있을까? 실제로 미세먼지 문제의 경우 **대기 오염**이라는 환경 오염 문제만 일으키는 것이 아니라 태양복사에너지의 유입을 감소시켜 '피나투보 효과'에 의해 지구냉각화(지구온난화가 아니라!)에 기여하고 구름 형성에 관여해 기후에도 민감한 영향을 미친다. 이 것은 성층권에 인위적으로 이산화황을 뿌려 지구의 기온을 떨어뜨려 보자는 지구공학(geoengineering) 혹은 기후공학(climate engineering) 아이디어의 과학적 근거가 되기도 한다. 그러나 이처럼 민감한 지 구의 기후를 인위적으로 조절하려는 시도는 매우 위험한 것이므로 부작용 등에 대한 면밀한 검토 없이 이루어질 수 없다. 이처럼 미세 먼지로 상징되는 대기 중 에어로졸 농도는 환경 오염 문제뿐 아니 라 기후변화 문제에도 관여하는 기후 모델의 핵심적인 요소 중 하 나인 것이다.

마찬가지로 **해양 오염**도 단순히 환경 문제로만 여길 것이 아니 라 과연 기후에 어떤 영향을 미칠 수 있는지 생각해 볼 필요가 있 다. 넓은 의미에서는 탄소 배출이 누적되며 대기 중 이산화탄소가 농도가 증가하고 이것이 바다에 녹아 흡수되어 나타나는 해양 산성 화 문제도 인위적으로 배출된 온실가스로 바다가 '오염'된 것이라 할 수 있다. 해양의 탄소 흡수를 통한 완충 능력이 점점 약해지면서 대기 중 이산화탄소 농도가 급증할 수 있으니 결국 기후에 영향을 미치는 셈이다. 또 생활 속 편리함 때문에 흔히 사용하는 플라스틱은 자연적으로 잘 분해되지 않아 여러 환경 문제를 야기한다. 그럼에도 플라스틱 사용량이 어마어마하게 급증해 오늘날 바다로 유입되는 플라스틱 쓰레기양이 연간 수백만 톤에 육박하며 해양 생태계를 심각하게 위협하고 있다. 바닷속 플라스틱 쓰레기는 시간이 지나면서 태양열과 파도에 의해 부식되고 잘게 쪼개져 완전히 사라진 것처럼 보이지만 크기만 작아졌을 뿐 미세 플라스틱으로 여전히 남아 있다. 바닷속 플랑크톤이 이를 먹이로 오인하고 플라스틱에 오염된 플랑크톤을 다른 생물이 잡아먹는 등 먹이사슬을 통해 마침내 인간의 밥상에까지 오르게 된다. 미세 플라스틱은 이미 수심이 얕은 상층 바다뿐 아니라 수심이 깊은 심해에서도 확인되었으며, 심지어 인간의 혈액 속에서도 검출되고 있다. 이처럼 심각한 해양 오염 문제는 기후에 영향을 미칠 수 있다. 미세 플라스틱 때문에 식물성 플랑크톤이 잘 번성하지 못하면 광합성을 통한 산소 생산에 문제가 생겨 해양 생태계 전반의 건강은 물론이고, 대기 중 이산화탄소 농도 증가로 인간의 호흡에도 문제를 야기하기 때문이다. 즉 탄소 순환, 산소 순환 같은 생지화학적 순환을 통해 바다 생태계의 문제가 곧바로 대기 중 탄소와 산소 농도 변화로 이어지는 것이다. 결국 해양 오염으로 인한 해양 생태계 파괴 역시 기후변화에 악영향을 미칠 것이 분명해 보인다.

오늘날 구석기, 신석기, 청동기, 철기 시대를 거쳐 **플라스틱기**

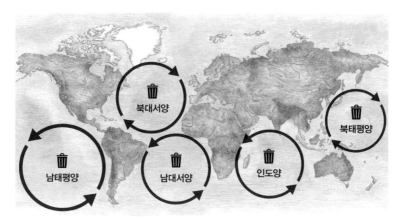
대양의 환류 안에 존재하는 거대 쓰레기 섬들.

(Plastic Age)에 이르렀다고 할 정도로 인류의 플라스틱 사용량이 늘면서 바다로 흘러간 플라스틱 쓰레기가 심각한 해양 오염 문제로 인식되고 있다. 바닷물이 해류를 타고 끊임없이 순환하다 보니 해류가 약한 환류(gyre) 내부에 각종 쓰레기가 모여들어 거대한 섬을 이루기도 한다. 인류가 만든 가장 큰 인공물이라 부를 정도로 규모가 어마어마한 이 쓰레기 섬은 북태평양에 있는 것(태평양 거대 쓰레기섬, The Great Pacific Garbage Patch; GPGP로 불림)만 해도 한반도 면적의 16배가 넘는다고 하며, 쓰레기 무게만도 수만 톤에 달하는 것으로 추정된다. 쿠로시오 해류(Kuroshio), 북태평양 해류(North Pacific Current), 캘리포니아 해류(California Current), 북적도 해류(North Equatorial Current)로 둘러싸인 이 환류 내부로 바닷물이 모여들어 깊은 곳으

로 침강하다 보니 표층에서 각종 플라스틱 쓰레기들이 섬을 이루어 해양 생태계를 심각하게 파괴하고 있는 것이다. 더구나 해류로 둘러싸인 환류는 북태평양뿐 아니라 남태평양, 북대서양, 남대서양, 인도양에도 있어 환류마다 내부에 거대한 쓰레기 섬들이 존재할 것으로 알려져 있다. 그 피해의 대상은 폐 그물과 버려진 낚시 어구 등에 걸리거나 플라스틱 빨대가 꽂힌 거북이, 창자 속에서 수천 개의 플라스틱 조각이 발견된 해양 포유류에만 국한된 것이 아니다. 전 지구적 생지화학 순환을 변화시켜 기후에까지 영향을 미치는 작은 플랑크톤, 그리고 이에 의존하는 우리 인류까지도 포함한다.

× 50 ×

바닷속 생태계는
어떻게 변해 갈까?

지구온난화로 알려진 오늘의 기후변화는 단순히 기온 조금 오르고 끝나는 것이 아니다. 바닷속 생태계를 위협해 결국 전반적인 지구 환경을 파괴하고, 생물 다양성과 각종 사회경제적 문제로 파급되어 인류의 생존까지 위협하는 심각한 위기이자 긴급한 대응이 필요한 비상 상황이라 할 수 있다. 오늘날 바닷속 생태계를 신음하도록 만든 3가지 대표적인 해양 환경 위협은 **온난화**(해수의 수온 증가), **빈산소화**(해수 중 용존 산소 감소), **산성화**(해수 중 pH 감소)라 할 수 있다.

먼저 지구온난화로 증가된 열의 90% 이상을 바다가 흡수해 주지 않았다면 지구 평균 기온은 현재보다 훨씬 증가해 이미 오래 전에 돌이킬 수 없는 상황을 맞았을 것이다. 다행히 1970년대 이후 2010년까지 바다에서 250ZJ[51] 넘는 열을 흡수해 주어 지구온난화 수준이 1도 증가에 머물렀지만, 바닷물이 언제까지 이렇게 많은 열을 흡수해 줄지 알 수 없다. 또 이미 흡수한 어마어마한 열 때문에 바닷물의 수온이 점점 증가하면서 각종 문제가 발생하고 있다. 대표적인 것이 바로 해수면 상승 문제이다.

바닷물의 수온이 높아지면 열팽창으로 부피가 늘어나는 효과가 더해져서 평균 해수면이 지속해서 상승하는데, 여기에 빙하가 녹아 바다로 흘러가면서 해수면 상승을 더 가속화한다. 빙하가 녹는 원인 중에는 따뜻한 바닷물의 유입도 있다. 서남극 빙하 중 현재 가장 빨리 녹고 있는 것으로 알려진 스웨이츠 빙하에서는 어는점보다 높은 수온을 가지는 환남극 심층수라는 따뜻한 바닷물이 빙붕 하부로 유입해 빙하 자체가 붕괴될 위험에 처해 있다. 그런데 이 스웨이츠 빙하는 그 안쪽에 있는 거대한 서남극 빙상이 바다로 흘러가지 않도록 막아 주는 코르크 마개 같은 역할을 하고 있는 탓에 붕괴하면 거대한 서남극 빙상이 모두 바다로 흘러나오며 해수면 상승을 빠르게 가속화할 수 있다. 현재의 기후 모델에는 이러한 서남극 빙상의 붕괴 과정이 포함되어 있지 않은데, 이는 현재의 해수면 상승 전망

••••
51 제타줄(Zeta-joules), 1 ZJ=10^{21} Joules.

이 가진 대표적인 불확실성 요소라 할 수 있다.

현재의 기후 모델이 예측하는 전망치를 따르더라도 해수면 상승으로 2050년까지 1억 5천만 명이 직접적인 영향을 받을 것이며, 전 세계 상당 규모의 해안 지역이 침수될 위험에 처해 있다. 따라서 단순 환경 문제를 벗어나 식량 문제, 인도주의와 군사안보 문제로까지 인식되고 있다. 해수면 상승 외에도 인도-태평양 웜풀(warm pool) 해역이 확장하며 더욱 위력적인 태풍, 허리케인, 사이클론을 만들며 갑자기 나타나는 고수온의 바닷물(해양 열파, marine heat waves)이 양식장 등 어업에 큰 피해를 입히거나 대기 순환을 교란해 각종 기상이변을 일으킬 것이다. 건강한 해양 생태계에 악영향을 초래할 수 있는 다양한 해양 환경 변화가 이처럼 지구온난화에서 비롯한 바닷물의 수온 변화와 관련되어 있는 것이다.

바닷속 생태계를 파괴하는 두 번째 해양환경 위협으로는 빈산소화가 있다. 바닷속 산소는 해양 포유류를 비롯한 각종 해양 생물의 생명 활동에 필수적인 원소다. 그런데 세계 도처의 바다에서 장기간 용존 산소 농도를 관측한 연구 결과들은 한결같이 지난 수십 년 동안 지속적으로 바다의 용존 산소 농도가 감소했음을 보여준다. 연안에서 일시적으로 용존 산소 농도가 급격히 떨어지며 집단 폐사를 일으키거나 연안 생태계를 심각하게 위협하는 빈산소 수괴(hypoxic water) 혹은 죽음의 바다(데드 존, dead zone)가 나타나는 경우는

기후와 기후변화 - 바다와 얼음

과거에도 종종 발생했다. 하지만 이처럼 일시적인 연안 용존 산소 변동과 구분되는 장기적인 전 지구적 빈산소화 추세는 해양 컨베이어 벨트로 불리는 열 염분 순환이 원활하지 않고 약화되는 현상과 함께 심각한 해양 생태계 파괴 우려를 낳고 있다. 동태평양과 같은 용승 생태계에는 영양분이 풍부한 심해의 해수가 빛이 충분한 표층으로 솟아오르면서 식물성 플랑크톤의 광합성이 가능해져서 다양한 해양 생물이 번성하고 수산 자원이 풍부하다. 그러나 전 지구적 빈산소화와 함께 중층에 존재하는 용존 산소 최소층(Oxygen Minimum Zone; OMZ)이 확대되면서 그 상부 경계 수심이 점점 얕아져서 활발한 용승 생태계를 위협하고 있어 우려가 커지고 있다. 용승 생태계에서 다양한 해양 포유류가 종종 서식지를 잃어 떼죽음을 당한 채 발견되는 것도 이러한 전 지구적 빈산소화 추세와 무관하지 않다는 지적도 있다. 전 지구적 빈산소화에 따라 세계 도처 연안의 죽음의 바다 발생 빈도 역시 늘어나는 추세이다.

마지막으로 대기 중 이산화탄소 농도가 증가하며 바다에 더 많이 녹아 흡수되면서 바닷물과 화학적으로 반응해 탄산(H_2CO_3)을 전보다 더 많이 만들며, 수소 이온(H^+) 농도를 증가시키면서 나타나는 해양 산성화(ocean acidification)도 해양 생태계를 심각하게 위협한다. 앞에서 언급한 것처럼 해양 산성화는 오늘날 해양 생태계를 위협하는 중요한 요소인데, 특히 탄산칼슘 골격을 가지는 갑각류나 산호,

굴 등의 생존에 치명적이며 산호 생태계를 심각하게 위협한다. 생물 다양성의 핫 스폿(hot spot)이라 할 정도로 많은 해양 생물이 의존하는 열대 산호가 소멸하면 해양 생물종이 급감하며 생물 다양성이 훼손되고 먹이사슬이 교란되며 식량 위협이 증가하는 등 인류에게도 큰 위협이 될 것으로 우려된다. 이처럼 오늘날 온난화, 빈산소화, 산성화를 통해 기후변화는 해양생태계와 이에 의존하는 인류에게 심각한 위협으로 작용하고 있다.

동해 오징어는
왜 '금징어'가 되었을까?

우리나라 주변 바다에서 한때 잘 잡히던 어종이 갑자기 자취를 감추기도 하는데, 이러한 수산 자원의 변화도 기후변화로 나타나는 바닷속 환경 변화와 연관된 경우가 많다. 종종 과학적인 근거도 없이 막연한 짐작으로 치어를 많이 잡아서 그렇다는 둥, 남획 때문이라는 둥, 다른 나라 어선이 많아져서 그렇다는 둥 이런저런 추측이 많다. 하지만 수산 전문가들과 연구 논문을 통해 현재까지 밝혀진 과학적 결과들을 보면, 우리나라 주변 해역의 수산 자원은 기후변화에 매우 민감하게 변화해 왔다. 지난 수십 년 동안의 어획 통계 자료에는 온수성 어족과 냉수성 어족의 교대 현상이 뚜렷하게 기록되어 있다. 즉 1960년대에 동해에서 오징어가 많이 잡히고 명태가 적게 잡히다가, 1970~1980년대에는 반대로 오징어가 적게 잡히고 명태가 많이 잡혔다. 당시 너무 흔해서 명태, 동태, 황태, 북어, 노가리 등 다양한 이름으로 불리며 전 국민의 식탁에 올랐던 명태는 1990년대부터 거의 자취를 감췄고 오징어 어획량이 크게 증가해 동해 전체 어획량의 절반을 차지할 정도였다. 당시 오징어 어획량이 증가한 원인 중 하나는 바닷물이 따뜻해지며 동물성 플랑크톤양이 증가한 탓이어서 기후변화와 관련이 깊은 것으로 알려져 있다. 명태 서식지가 1990년대 이후 북상하면서 우리나라 동해안뿐만 아니라 일본 홋카이도 인근에서도 명태 어획고가 크게 줄었든 반면 더 북쪽에 위치한 오호츠크해에서는 늘었고 동해 북단의 러시아 해역과 베링해 등에서는 여전히 명태를 흔하게 볼 수 있는 점도 기후변화에 따른 수산 자원 변화의 예라고 볼 수 있다. 최근에는 베링해에서도 더 북상해 북극해에까지 명태가 진출하는 중이라고 한다.

그러나 **수산 자원량**의 변화는 기후변화로 인한 바닷물 수온의 증감 외에도 서로 다른 생물종 사이의 관계와 상호 작용, 어획이나 규제 등 인간 활동 등에 따른 영향을 동시에 받으므로 원인을 정확히 파악하기는 매우 어렵다. 흔히 한반도 주변 해역의 수산 자원량이 최근 들어 줄어든 것으로 오해하지만 실제로는 2000년대 이후 서서히 증가 추세에 있으므로 수산 자원량 감소가 아니라 어획량 감소와 더 관련이 있다. 실제로 북서태평양 어획량은 1950년대부터 1980년대까지 줄곧 늘어나 1990년대 이후 거의 일정한 수준으로 유지되고 있다. 국가별로 좀 차이가 있어 우리나라 어획량은 줄어들고 중국 어획량은 늘어나며 전체가 거의 일정한 수준을 유지하고 있다.

오징어가 한때는 너무 귀해서 '금징어'로도 불리다가 2020년에는 다시 오징어 풍년이 되기도 했는데, 이러한 어획량은 수산 자원량(현존량)과 생산량 외에 어획을 위한 노력 정도에 따라서도 크게 달라진다. 과도한 규제 등으로 어획 노력이 줄면 아무리 수산 자원이 풍부하고 그 자원이 높은 생산량을 보이더라도 잡아들이는 어획량이 적을 수밖에 없다. 또 기후변화와 관련된 바닷물의 수온 자체도 계속 일정하게 증가만 하는 것이 아니라 십 년 정도의 규모로 증감을 반복하며 수심 또는 해역에 따라 완전히 다른 변동을 보인다. 따라서 기후변화로 인한 해양 환경과 다양한 수산 자원량, 어업 생산량, 어획량의 변동을 이해하려면 여전히 많은 연구가 필요하다.

예를 들면, 표층에서의 수온 증가 추세와 달리 동해안과 동해 남부의 중층 혹은 저층에서는 해양 순환에 따라 수온이 장기적으로 감소하는 추세가 발견되기도 한다. 수심에 따라 가용한 영양분이 다르고 빛이 투과하는 정도도 다르며 이에 따라 해양 생태계 먹이사슬의 가장 아래에 위치하는 식물성 플랑크톤의 광합성을 통한 생산력이 결정된다. 그런데 수온과 같은 해양 환경이 복잡한 변동 양상을 보이면 이러한 생산력과 수산 자원량도 복잡한 변동을 보인다. 따라서 과학적 근거 없이 어획량 증감을 막연한 남획 탓으로 돌리거나 단순한 인간 활동의 결과로 봐서는 곤란하다. 그보다는 기후변화로 변화하는 바다 환경을 더 잘 이해하고 수산 자원량과 어업 생산량을 고려한 지속 가능한 방식의 어획이 이루어지도록 수산 정책을 펼치려는 노력이 더욱 중요할 것이다.

× 52 ×

해수면 상승을
막을 수는 없을까?

해수면 상승은 산업혁명 이후 온실가스 배출량이 증가하며 지구 온난화와 동반해 나타나는 현상이다. 따라서 대기 중 온실가스 농도를 산업혁명 이전 수준으로 낮추고 녹는 빙하를 다시 얼리지 않는 한 막을 수 없으며, 탄소에 기반한 인류 문명이 이어지는 한 해수면 상승을 근본적으로 막는 것은 현실적으로 불가능하다. 다만 지구 평균 온도 상승을 1.5도 혹은 2도 이내로 그치게 하기 위해 오늘날 각국이 온실가스 배출량을 획기적으로 줄이며 경제 발전 방식을 탈탄소 등 지속 가능한 방식으로 탈바꿈하기 시작한 것처럼, 해수면 상승 속도를 늦추고 방파제와 제방 등 해안 시설을 정비하거나 거주민을 이주시키는 등의 노력은 가능할 것이다. 물론 이러한 노력은 단순히 해수면 상승 문제에 대한 적응만이 아닌, 전반적인 기후변화와 여기서 파생되는 다양한 환경 문제에 대한 적응 차원에서 이루어져야 한다.

이탈리아 베니스의 사례는 해수면 상승 문제에 대한 적응 과정에 한 가지 교훈을 준다. 베니스는 무른 진흙으로 된 석호 바닥에 나무 기둥을 꽂고 간척 사업을 통해 만들어졌으나 그 하중 때문에 지반 침하가 진행 중이며 이미 심각한 침수 피해를 겪고 있다. 그런데 해수면 상승 탓에 **아쿠아 알타**(Acqua Alta)라고 불리는 해수면 범람 현상이 최근 더 심해지고 있다. 아쿠아 알타는 이탈리아어로 만조(혹은 고조, high tide)라는 뜻으로 아드리아해(Adriatic Sea) 북부에서 기압과 바람, 그리고 조석 현상 등으로 자연스레 수위가 높아지는 이상 조위 해수면 고도 상승 현상을 의미한다. 한 번 발생하면 베니스 도시 내부로 바닷물이 들이쳐 저지대 곳곳이 침수되기도 한다. 이 기간에는 구 시가지와 섬에서 경보 사이렌이 울리며 예상 수위를 알려주고, 대부분의 사람들이 고무 장화를 신고 다니며 곳곳에 임시 다리를 놓는 등 진풍경이 펼쳐져 관광객의 이목을 끌기도 한다. 문제는 기후변화에 따른 평균 해수면 상승으로 침수 정도가 점점 심해진다는 점이다. 특히 2019년에는 이탈리아 전역에 많은 비가 내리며 침수 피해로 약 5천 여 명이 대피해야만 했는데, 베니스에서는 1966년 11월 이후 53년 만에 최악의 홍수를 겪었다. 9세기에 세워져 1200년 동안 단지 다섯 차례 침수 피해를 입었다는 산마르코 대성당에도 1m 넘게 바닷물이 들이쳤고, 이탈리아 정부는 국가비상사태를 선포하고 막대한 예산을 들여 피해 복구를 긴급 지원했다.

사실 이탈리아 정부에서는 과거보다 해일 발생 빈도가 계속 증가하자 홍수 피해를 최소화하고 일자리도 창출하며 경제 회생과 인구 증가 등의 목적을 겸한 '모세 프로젝트'를 추진해 왔다. 그 원리는 해수면이 기준치(1.1m) 이하일 때에 바닷물로 채워져 해저에 가라앉아 있던 10층 높이의 대형 인공 방벽 수문에 공기를 채워가는 방식으로 해수면이 기준치(1.1m)를 넘어서면 저절로 수문이 높게 세워지며 바닷물의 유입을 차단하도록 하는 것이다. 2003년부터 건조해 당초 2011년 완공을 목표로 추진되었으나 환경 파괴 등을 우려하는 목소리로 차질을 빚으며 완공이 늦춰진 상황이다. 이미 수조 원의 예산이 투입된 이 프로젝트가 환경 파괴를 최소화하며 제 기능을 다할 수 있도록 성공했다면 2019년과 같은 피해는 겪지 않았을지도 모른다. 또 2014년에는 이 대규모 프로젝트를 둘러싼 부정부패 스캔들로 30명 넘는 사람이 체포되는 등 말도 많고 탈도 많았으니, 역대급의 아쿠아 알타가 발생하며 해수면 범람이 심화되는 베니스에서 환경 조화를 이루며 성공할 수 있을지는 앞으로 지켜볼 일이다.

　이탈리아 베니스 사례에서 볼 수 있는 것처럼 해수면 상승에 적응하는 과정은 간단한 문제가 아니다. 기후변화 과정에서 나타나고 있는 지구온난화 등의 다양한 지구환경 변화 중 하나인 해수면 상승 문제 역시 우선은 온실가스 배출량을 획기적으로 줄여 그 상승 속도부터 늦추는 것이 급선무가 될 것이다. 모세 프로젝트와 같은 인공 방벽을 만들거나 해안 시설을 정비하는 등의 공학적 해법, 그리고 해안가 저지대 거주민을 이주시키거나 해안가 토지 이용에 대한 규제 강화 등의 정책적 해법도 물론 병행할 필요가 있겠지만, 현재로서는 근본적으로 막을 수 없는 해수면 상승 속도를 늦추기 위한 노력이 가장 중요하다 할 것이다.

PART 5 기후위기와 대응 노력

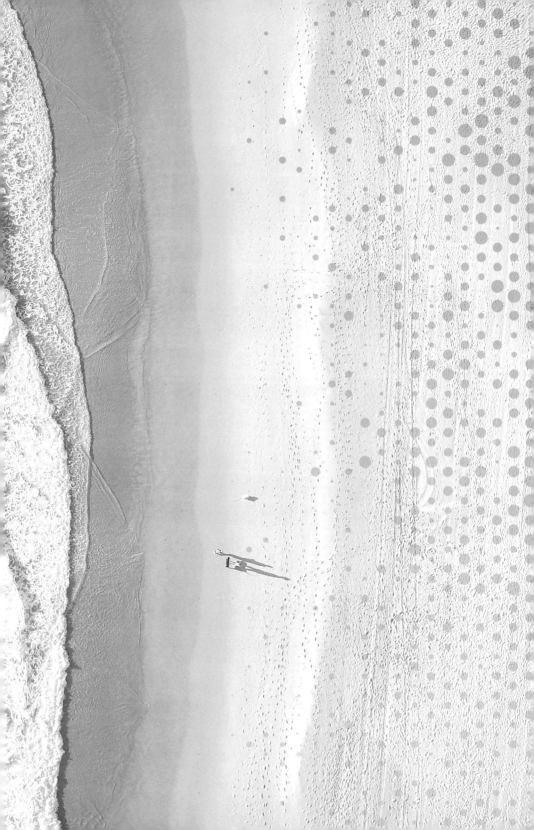

53

기후위기란
무엇일까?

인류 역사에서 지금처럼 개개인이 최대한의 자유를 누리면서 물질적으로 풍요로웠던 시대는 아마 없었을 것이다. 그러나 자유에는 반드시 책임이 따르며, 물질적인 추구만 일삼다가 지구 환경을 심각히 훼손한 책임은 더욱 빈번한 감염병 충격과 각종 재해 재난을 통해 생존을 걱정해야 할 정도로 무겁기만 하다. 인류에게 물, 공기, 토양 등의 자원을 제공하고 폐기물을 흡수하는 지구의 능력에는 한계가 있다. 그런데 현세대의 인류는 이를 초과해 미래 세대에 생태적 빚을 지며 어언 50여 년을 살고 있다. 한 해에 주어진 생태 자원을 모두 소진하는 연중 시점을 **지구 생태 용량 초과의 날**(Earth

Overshoot Day)라 하는데, 이날 후에는 지구가 감당할 수 있는 양보다 많은 탄소를 배출하고, 지구가 제공하는 자원보다 많은 자원을 초과 사용해 미래 세대에 부채가 쌓임을 의미한다. 1970년 이후 이 날짜는 12월 31일로부터 점점 앞당겨져서 이제는 8월이면 그해에 주어진 모든 생태 자원을 소진하고 미래 세대의 자원까지 끌어와 과소비하는 셈이다. 그나마 코로나19 팬데믹으로 곳곳이 봉쇄되며 경제 활동이 줄어들면서 2020년에는 일시적이나마 조금 개선된 것이라 한다.

기후변화 문제는 수십 년 전부터 과학자들이 경고해 왔는데 해결책을 찾지 못하고 각국 정부가 소극적 대응으로만 일관하다가 이제 더는 물러설 곳 없는 상황까지 이르렀으니 '위기'를 자초했다고 해도 과언은 아니다. 조금 더 악화되면 돌이킬 수 없는 수준에 이르러 더 이상은 온실가스 감축 노력과 무관하게 지구 시스템의 연쇄 작용으로 파멸로 치달을 수 있어 결단을 미룰 수 없는 기후위기(Climate Crisis)에 봉착한 것이다. 위험하기만 한 것이 아니라 긴급 조치가 필요할 정도로 긴박한 상황이라는 이유까지 더해져서 아예 **기후비상**(Climate Emergency)이라고 부르기 시작했다. 영국 옥스포드 사전은 매년 올해의 단어를 발표하는데, 2018년까지는 '무명'에 가까웠던 '기후비상'이라는 단어의 사용 빈도가 2019년부터 100배나 늘어나며 올해의 단어로 선정되었다.

기후위기와 대응 노력

이렇게 기후비상이라는 단어가 널리 사용된 것은 아마도 세계적인 기후비상 선언운동, 기후위기 비상행동의 결과일 것이다. 오스트레일리아 활동가들이 지구의 날 집회에서 기후비상 선언을 요구한 것을 시작으로, 수십 개국의 수천 개 지방자치단체와 유럽의회를 포함한 주요 의회 등이 기후비상 선언에 동참하고 있다. 기후변화 문제는 오늘날 너무나도 심각한 수준에 이르렀는데, 아직도 한가하게 인위적 기후변화 때문이 아닐 수도 있다는 등의 탁상공론이나 하고 있을 때가 아니라는 것이다. 이미 많은 세계인이 기후문제를 심각한 위기이자 긴급한 조치를 취해야만 하는 비상 상황으로 인식하고 있다는 의미이기도 하다.

사실 20세기가 시작된 지 20년이나 지났지만 진정한 21세기는 세계적인 팬데믹과 함께 코로나19 바이러스 감염 위기로부터 시작되었다고 한다. 아울러 이보다 훨씬 더 심각한 위기인 기후위기에 대한 사람들의 인식도 점점 더 높아지는 듯하다. 기후위기 비상행동은 절체절명의 생존 위기로 다가온 기후위기에 대한 사람들의 인식을 개선하고 긴급하고 적극적인 비상 대응을 촉구하기 위해 노력 중인데, 팬데믹 상황 속에서 감염병 위기뿐 아니라 기후위기를 피부로 느끼는 사람도 점점 늘고 있다. 탄소 중립을 실현하려면 현재에 대한 올바른 상황 인식부터 이루어져야 하므로 이러한 개개인의 기후비상 상황 인식은 매우 중요하다. 지구온난화 수준이 1도를 넘

지구 생태 용량 초과의 날

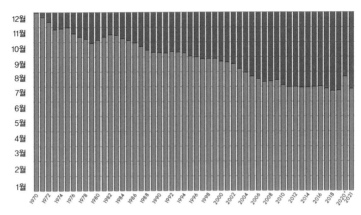

1970~2021년 지구 생태 용량 초과의 날. 초록색은 지구의 1년 생산량이 끝나는 시점을, 빨간색은 지구 생태 용량이 초과되는 시점을 보여준다. 2020년에는 코로나19로 인한 자원사용이 감소한 것이 반영되었다.(GFN 제공)

어가며 점점 돌이킬 수 없는 수준에 근접하고 있는 오늘날, 빙하가 빠르게 녹고 해수면이 상승하며 생태계가 신음하는 가운데 물과 식량 부족에서부터 각종 전쟁 및 난민 문제가 심화되고 있다. 또한 만년설이 사라지며 영구 동토가 녹아 오랜 기간 덮여 있던 메탄 가스와 각종 바이러스의 봉인이 해제되는 가운데 바이러스 위기와 각종 전염병 충격이 빈번해질 위기에 처해 있다. 이러한 기후비상 상황을 제대로 인식하고 있는 사회라면, 석탄화력 발전소를 늘리고 신공항 건설을 추진하자는 주장이 과연 설득력을 얻을 수 있을까?

기후위기와 대응 노력

54

기후와 전쟁은
무슨 상관이 있을까?

지구 환경이 변화하는 과정과 원인은 자연과학의 영역이다. 그러나 이미 자연적 기후 변동성의 범위를 넘어 오늘날 인간 활동에 의해 전례 없는 수준과 속도로 나타나는 지구 환경 전반의 변화와 이에 따른 사회경제적 이슈들은 더 이상 자연과학의 영역이 아니다. 인류는 지구에 사는 한 누구도 기후 문제에서 자유로울 수 없다. 알고 보면 기후는 각종 사회경제적 문제들의 이면에서 사회나 국가의 대립과 갈등을 심화하는 요인으로 작용하기도 한다. 전쟁이 그 대표적인 예다.

2003년 아프리카 수단 다르푸르에서 벌어진 대규모 학살과 분쟁은 '인종 청소'로 불릴 만큼, 수십만 명의 사망자와 수백만 명의 난민을 발생시킨 끔찍한 사건이었다. 피상적으로는 아랍계와 아프리카계 사이의 종족 갈등 때문이지만 그 이면에는 기후변화로 인한 극심한 가뭄과 생존을 위한 갈등이 있었다. 기후변화에 따른 지구 온난화와 인도양 수온 상승이 강수량 감소로 이어져 가뭄과 사막화를 심화하며 농경과 목축에 필요한 물 부족을 가져와 토지와 수자원을 둘러싼 지역 내 갈등을 촉발한 것이다. 식수원과 목초지를 차지하기 위해 오래 전부터 누적되어 온 민족 사이의 기존 갈등 요인이 기후변화로 어떻게 비극적 사건으로 전개될 수 있는지를 보여준 사례라고 할 수 있다.

미 전략국제연구센터(Center for Strategic and International Studies)는 다르푸르 분쟁을 21세기 최초의 '기후 전쟁'으로 꼽았다. 이미 과거 20세기 무력 충돌 중 최대 20%가 기후변화와 이상기후로 발생했으며 21세기에는 그 영향이 더 증가했다는 연구도 발표되고 있다. 지구온난화, 해수면 상승, 해양 산성화 등의 전 지구적 변화와 함께 지구촌 곳곳에서 가뭄, 폭염, 홍수, 폭우, 산사태, 폭설, 한파, 태풍, 해일 등이 잦아지고 있다. 식량 부족 문제와 자원 배분을 둘러싼 갈등과 분쟁이 심화되며 난민이 줄어들지 않는 것은 과학자들이 오래 전부터 경고해 온 기후위기가 이미 현실이 되었음을 보여준다. 즉 긴급한 조치를 취해야 하는 기후비상 상황으로 인식해야 한다는 의미이다.

　오늘날 미 국방부는 기후변화를 당장 눈앞에 닥친 국가안보 위협으로 규정했고, 국경 지역 경계를 강화하며 기후변화 난민 이주를 막는 국가가 많아졌다. 기후변화로 인한 재해 재난 피해 규모 증가로 국제 분쟁과 갈등, 그리고 전쟁과 군사 활동이 심화되는 양상을 보이고 있다. 미 국방부 비밀 보고서인 《펜타곤 보고서》에는 이미 21세기 초에 기후위기 대응이 테러 근절이나 석유 확보 못지않은 국가 안보상의 최우선 과제로 명시되어 있다고 한다. 기후재앙으로 지구촌 곳곳에서 식량난, 식수난, 에너지난 등의 혼란이 가중될 것을 전망하며 강력한 '국방 태세'를 주문하고 있는 것이다.

　그러나 너무나 당연하게도 전쟁은 해결책이 될 수 없다. 더구나 기후변화로 심화된 오늘의 위기를 국가안보 위협으로 인식해 국방 지출을 늘이고 군사 활동을 강화한다 해도 근본적인 기후위기가 해결되지 않는다. 아니 오히려 기후위기가 더 악화될 뿐이다. 군사 부문의 탄소 배출량은 잘 공개하지 않기 때문에 불투명한 부분이 많지만 소비되는 석유량만 생각해도 군사 활동을 통해 어마어마한 탄소 배출이 이루어지고 있음을 알 수 있다. 그래도 세계의 경찰 국가 역할을 하는 미국의 군사 활동은 정당화될 수 있다고 여길지도 모른다. 그러나 기후변화로 인한 분쟁과 갈등을 막기 위해 군사적인 수단을 사용하며 막대한 화석 연료로 기후변화를 가속화하는 것은 자가당착이 아닐 수 없다. 중국이 추월하기 전까지 세계에서 가장 많은 석유를 소비하고 가장 많은 온실가스를 배출해 온 미국은 막대한 군비를 사용하는 나라이다. 세계적으로도 기후위기에 대응하기 위해 투입하는 재정은 군사비의 10분의 1 혹은 그 이하 수준으로 턱없이 적다. 우리나라는 심지어 국방 예산 대비 정부 각 부처의 기후변화 대응 예산 수준이 400분의 1 수준이라고 하니 기후위기의 시급성에 대한 상황 인식이 너무도 안이하다고 볼 수 있다. 물론 에너지 부문, 산업과 수송 등 각 분야에서 모두 빠르게 탄소 배출량을 줄이는 노력이 이루어져야 하지만 군사 활동이 예외가 되어서는 안 될 것이다.

기후와 전쟁의 관계를 생각해 보면, 기후비상 선언운동은 군사주의에 대항하는 평화 운동과도 결국 그 궤를 같이한다. 군사주의는 기후변화의 결과인 동시에 그 원인이기 때문이다. 기후위기로 국가나 사회의 대립과 갈등은 점점 심화되고 있다. 하지만 악화된 여건을 극복하고 인간과 인간, 그리고 인간과 지구가 공존할 수 있는 해결책을 찾는 과정에 우리의 미래가 달려 있다. 심각한 기후위기에 빠진 지구를 버리고 떠날 능력도 자격도 없는 인류가 이제는 생존 위협까지 받고 있는 비상 상황에서 한가하게 전쟁놀음이나 할 때가 아니라는 뜻이다.

기후위기와 대응 노력

55

기후위기는
막을 수 없을까?

천재 물리학자 스티븐 호킹 박사가 몇 해 전 세상을 떠나기 전에 유언처럼 영국《데일리메일》에 남긴 말이 있다.

"인류 멸망을 원치 않는다면, 200년 안에 지구를 떠나라."

당시 영국 주요 외신들은 그의 사망 소식을 보도하면서 그가 평소에도 빠르면 수십 년 후에 인류에게 닥칠 위협을 강조했다고 전했다. 기후변화는 호킹이 인류 종말을 언급할 때마다 꼽은 대표적인 종말 원인이다.

"지구온난화가 되돌릴 수 없는 시점에 근접해 있다. 지구는 섭씨 460도의 고온에 휩싸이고 황산 비가 내리는 금성처럼 변할 수 있다."

　그는 인류가 멸종할 정도의 대재앙을 피할 수 없으며 그 시점도 점점 빨라지고 있으니 외계에 터전을 마련하지 못하면 멸종 위험이 더 크다고 죽는 순간까지 우려했던 것이다. 하지만 지구 환경은 그때보다 더 심각해져서 이제 기후위기를 넘어 기후비상으로 표현하는 더욱 긴급한 상황까지 치닫고 있다. 그럼 정말 지구를 버리고 떠나야 하는 걸까?

　미 전기자동차업체 테슬라의 일론 머스크 최고경영자가 세운 민간 우주탐사기업 스페이스 X가 미 항공우주국과 공동 개발한 우주선 '크루 드래곤(Crew Dragon)'이 국제우주정거장 왕복 시험을 마치고 지구로 귀환하며 민간 우주 운송 시대가 열렸다고 한다. 또한 영국의 억만장자 리처드 브랜슨 버진그룹 회장이 첫 민간 상업 우주관광 비행에 성공했다. 하지만 아직까지 우리는 우주에서 살 곳을 찾지 못했다. 즉, 지구를 버리고 떠날 능력이 없는 것이다. 그런데 능력은 차치하더라도 과연 우리에게 지구를 버리고 떠날 자격이 있는가? 모든 권위로부터 해방되어 전례 없는 자유를 누리며 물질적 풍요를 위해 지구 생태 용량을 초과해 지구 환경을 악화시키고 기후위기에 빠뜨린 주체인 인류에게 아무런 책임감조차 기대할 수 없는 것일까?

　지금 세대는 기후변화를 인식한 첫 세대이자 이를 해결해야만

하고 또 실제로 해결할 수 있는 유일한 세대이기도 하다. 만약 기성 세대가 기후문제의 근본적인 해결 노력을 보이지 않는 무책임한 자세로 방관한다면 미래 세대에게 무엇을 제대로 교육할 수 있을까? 그레타 툰베리(Greta Tintin Eleonora Ernman Thunberg)로 상징되는 미래 세대의 목소리 내기는 바로 이러한 맥락이었을 것이다. 그녀는 2018년 8월부터 기후변화 대응에 소극적인 주류 정치인들과 어른들에게 반항하는 의미로 금요일마다 등교를 거부했고, 트위터에 이를 올려 청소년층과 중년층의 공감을 불러일으켰다. 2019년 2월에는 125개국 2천여 개 도시에서 '기후를 위한 학교 파업 시위(School strike for climate)'로 적극적인 기후변화 대응을 촉구하는 학생 시위를 주도했으며, 9월에도 기후 파업에 참여했고, 유엔 본부에서는 열린 기후행동정상회의에서 연설을 통해 각국 정상들을 질타했던 것으로도 유명하다.

"당신들은 자녀를 가장 사랑한다 말하지만, 기후변화에 적극적으로 대처하지 않으며 자녀의 미래를 훔치고 있다."

툰베리로 상징되는 세계 여러 나라 청소년층의 기후변화 대응 촉구 목소리는 입시에만 매몰되어 체계적인 기후 교육이 잘 이루어지지 않고 있는 국내 교육 현실에도 시사하는 바가 크다. 최근에는 청소년 기후행동 활동가들이 유엔 청년기후정상회의에 한국 대표로 참석하고 정부를 상대로 헌법 소원을 내며 국정 감사장에도 등장하는 등 정부와 국회를 압박하고 있다는 반가운 소식이 들린다.

개개인의 노력도 중요하지만 기후위기 문제는 혼자 노력한다고 해결할 수 있는 것이 아니다. 내가 줄인 탄소는 과연 얼마나 지구온난화를 완화하고 기후위기 해결에 보탬이 될까? 내가, 그리고 우리나라에서만 노력한다고 해결될 문제가 아닐 터이다. 이 같은 전 지구적 문제는 지역적, 국가적 대응만으로 풀 수 없을 뿐 아니라 오히려 악화시키기도 한다. 이미 코로나19 팬데믹 대응 과정에서 전 지구적 문제에 어떻게 대응해야 하는지 똑똑히 목격했다. 전 지구적이란 의미의 '글로벌(global)'과 국지적·지역적이란 의미를 지닌 '로컬(local)'의 합성어인 '글로컬(glocal)'은 기후위기에 어떠한 방식으로 대응해야 할지를 정확하게 표현하는 단어일 것이다. 국제 사회에서 합의하고 서로 온실가스 감축 의무 이행을 점검하는 것이 중요한데, 국제 사회의 기후변화 대응 노력은 툰베리의 뼈아픈 지적대로 그동안 매우 미흡했던 것이 사실이다. 선진국이 온실가스 배출량을 줄이기로 합의한 교토의정서가 1997년에 채택되었지만 미국은 발효 전인 2001년에 탈퇴해 버렸고, 실제로 많은 양의 온실가스를 배출해 온 중국과 인도는 개발도상국이라는 이유로 적용되지 않는 문제가 있었다. 우리나라도 2017년 기준으로 6억 톤의 온실가스를 배출하는 세계 6위의 '기후 악당'인데, 석탄화력 발전소가 온실가스 배출량의 절반 이상을 배출하고 있다. 이처럼 각국의 탄소 배출을 줄이기 위한 노력에 오래도록 실효성이 없었으니 대기 중 온실가스 농도 증가세가 둔화될 기미가 보이지 않고 지구온난화 수준이 점점 돌이킬 수 없는 수준에 근접하는 것은 당연한 결과인 셈이다.

그런데 툰베리의 외침이 통했을까? 그린피스(Greenpeace) 같은 환경 단체들의 각국 정부와 산업계를 향한 압박이 통한 탓일까? 아니면 코로나19의 세계적 확산과 전례 없는 기후재앙 속에서 수많은 사람이 목숨을 잃는 것을 보며 더 이상은 물러설 곳이 없음을 모두가 깨달은 것일까? 지난 2015년 역사적 전환점이라 할 만한 파리기후변화협약이 채택되며 모든 당사국이 참여해 지구온난화를 섭씨 2도(가급적 1.5도) 이하로 막자는 공동의 목표와 온실가스 감축 및 기후변화 적응을 위한 공동의 노력에 합의하며 그동안 소극적인 대응으로만 일관하던 국제 사회의 분위기에 빠른 변화가 감지되고 있다. 미국은 조 바이든 대통령 취임 첫날 탈퇴했던 파리기후변화협약에 재가입했고, 기후 문제에 적극적인 대응을 천명했다. 또 최근 각국 정부의 **탄소 중립**(Net Zero) 선언이 잇따르더니 급기야 2020년 하반기에는 한국(2050년), 일본(2050년), 중국(2060년)이 탄소 중립 선언 대열에 합류하는 역사적인 사건이 발생했다. 전 세계 인구의 약 21%, 전 세계 국내총생산의 24%, 전 지구적 온실가스 배출량의 26%를 차지하는 한중일 동아시아 3국이 탄소 중립을 약속한 것은 매우 고무적인 변화임에 틀림없다. 세계의 이목이 집중되는 것

도 바로 이 때문이다. 이제 남은 것은 선언보다 훨씬 어렵지만 반드시 달성해야만 하는 '이행'이다. 따라서 국제 사회에 약속했던 온실가스 감축 목표 이행에 완전히 실패한 전과를 가진 우리나라의 이행 노력에 앞으로 뜨거운 관심을 가져야 할 것이다.

기후위기와 대응 노력

희망은
어디에서 찾아야 할까?

　오래 전부터 과학자들이 경고해 온 코로나19 팬데믹 같은 감염병 충격이 현실화되고 각종 기상 이변과 자연 재해로 목숨을 잃는 사람들이 많아지자 긴급하게 조치를 취해야 할 기후비상 상황을 인식하고 국제 사회는 최근 빠르게 대응하기 시작했다. 그레타 툰베리를 비롯한 전 세계 수많은 청소년이 분노하며 절박한 심정으로 기성 세대의 기후 침묵에 경종을 울리고, 다양한 환경 운동가들이 과학을 부정하는 사람들을 설득하며 기후위기 비상행동을 이어 온 그간의 노력들이 드디어 열매를 맺기 시작한 것이다. 그러나 탄소 중립을 선언한다고 온실가스 배출량이 저절로 줄어드는 것은 아니다. 그동안 탄소를 통해 문명을 건설한 인류에게 이제 탈탄소의 지속 가능 발전 사회로의 대전환에 대한 구체적인 계획과 이행 노력이 중요한 것도 이 때문이다. 국제 사회나 각국 정부, 지자체는 말할 것도 없고 개개인도 물건 하나를 사더라도 지구 환경에 부담을 덜 주는 제품을 고르고, 온실가스 배출을 더 많이 감축하는 기업에 투자하는 등 최근의 인류사적 대전환에 적극 동참하고 국제적인 공조와 글로컬 대응을 병행하며 기후위기에 대응해야 한다. 이미 재계에서는 환경(Environment), 사회(Society), 지배 구조(Governance)를 뜻하는 ESG가 화두로 등장했고, ESG 경영이 지속 가능 경영이라는 인식이 확대되면서 관련 투자 시장이 빠르게 증가하고 있다.

전 세계 과학자들은 정기적인 기후변화 진단평가 보고서 외에 **지구온난화 1.5도 특별 보고서**(2018), **해양과 빙권 특별 보고서**(2019)를 통해 최근 더 적극적으로 목소리를 내고 있다. 각국 정부가 이미 섭씨 1.0도 상승한 지구온난화 수준을 섭씨 2.0도, 아니 1.5도 이내 수준으로 막아내지 못하면 돌이킬 수 없는 지구 시스템의 연쇄 과정으로 그 후에는 아무리 온실가스 배출을 줄여도 회복이 불가능할 것이라는 우려를 전달하기 위한 목적이 크다. 국제 사회는 파리기후변화협약을 통해 '가급적' 1.5도 이내로 막자는 공동의 목표에 합의했지만 사실 '가급적'이라는 표현을 떼면 합의한 지구온난화 수준은 2도 이내이다. 비록 한중일을 비롯해 여러 나라들

기후위기와 대응 노력

의 탄소 중립 선언이 뒤따랐지만, 실질적 이행을 위해서는 지금까지의 방식을 완전히 탈바꿈해야 하기 때문에 엄청난 비용을 감당해야 하며 경제 성장과 발전에도 심각한 영향을 미칠 것이다. 그렇다고 이 비용이 감당할 수 없는 수준은 아니며 미루면 미룰수록 기하급수적으로 증가할 것이므로 지금이라도 탄소 배출량 감축을 위한 비상 행동을 시작해 강력한 조치를 취한다면 최악의 상황을 피할 수 있을 것이다.

그런데 탄소 배출량 감축 이행이 잘 되지 않거나 수준이 부족해 최악의 상황을 피하지 못하면 속수무책으로 인류는 공멸 시나리오에 진입해야만 하는 것일까? 오늘의 과학 기술로도 우리는 정말 수동적으로 단지 온실가스 배출량을 줄이는 것밖에는 전혀 손쓸 방법이 없는 것일까? 사실 꼭 그렇지는 않다. 현재 다양한 **기후공학** (climate engineering) 혹은 **지구공학**(geoengineering) 해법들이 논의되고 있는데, 이것은 지구의 건강 상태가 탄소 배출량 감축이라는 투약만으로 회복되지 않고 심각하게 악화되는 경우 극단적인 처방으로 수술대에 오르는 것과 같다. 즉 지구온난화를 완화하기 위해 의도적으로 대규모 공학적 조치를 취해 기후 시스템에 인위적으로 개입하는 기술을 개발하려는 것이다. 여기에는 대기 중 이산화탄소를 제거하는 기술이나 지구로 유입하는 태양복사에너지를 우주로 더 많이 반사해 관리하는 방법 등이 포함된다. 성층권 오존층 파괴 기작에 대한 연구로 노벨 화학상을 받기도 했던 폴 크루첸 박사가 지지했던 '인공 화산' 프로젝트가 대표적인데, 태양복사에너지의 유입을 차단하기 위해 성층권에 인위적으로 이산화황을 뿌리는 것이다. 그 밖에도 우주에 대형 반사경을 설치하거나 인공 구름을 만들거나 바다 표면에 미세한 기포를 만드는 방식 등으로 태양복사에너지 흡수를 줄이는 방법이 제시되고 있다. 또 바다에 대형 파이프를 수천 개 띄워서 파도에 의해 오르내리는 동안 내부의 판막이 열렸다가 닫히면서 저절로 깊은 바다의 해수를 표층으로 끌어올려 표층에 영양분을 공급하고 식물성 플랑크톤을 인위적으로 번성시켜 광합성 증가로 인한 대기 중 이산화탄소 흡수와 산소 배출을 만드는 아이디어들이 논의되고 있다.

그러나 한때 신에 대한 도전으로 평가받았던 지구공학적 접근은 마치 유전자 조작 기술과 같이 환경적으로나 사회적으로 심각한 영향을 초래할 것이라 예상되어 우려의 목소리가 큰 것도 사실이다. 생물다양성협약 당사국 총회에서는 HOME(Hands off Mother Earth! 어머니 지구에 손대지 마라!) 캠페인을 통해 지구공학적 접근을 방지하기 위한 노력을 하고 있다. 지구 생태계를 조작하려는 일방적인 시도에 대한 부작용은 다양한 방식으로 나타나며 경우에 따라 비가역적이거나 치명적으로 지구 환경을 파괴할 수 있기 때문이다. 예를 들면 태양복사에너지를 조절해 지구온난화를 완화하면 지구의 물 순환

기후위기와 대응 노력

도 바뀌어 곳곳에서 가뭄과 폭우가 더욱 극심해질 수 있다. 또한 지구공학 기술에 기대어 탄소 배출량 감축 의무를 등한시하는 도덕적 해이에 대한 우려도 있다. 하지만 지구공학적 접근은 그야말로 극약 처방에 해당하는 대규모 수술 아이디어이며 현재는 임상 단계도 전혀 거치지 않은 극약을 투약해야 할 이유가 없다.

대규모 수술을 통해 극단적인 처방을 하기 전에 반드시 정밀 검사를 통해 건강 상태를 정확히 파악해야 한다. 현재 지구의 기후가 어떠하며 그 이유는 무엇이고 어떻게 변화하는 것이며, 또 앞으로 어떻게 변화할지를 과학적으로 이해하는 것이 출발점이 되어야 한다는 의미이다. 과학적 이해를 바탕으로 지구공학적 처방이 가져올 부작용을 면밀하게 검토해 매우 신중하게 접근해야만 한다. 과학적 이해 없는 섣부른 지구공학적 시도가 가져올 부작용은 상상하기 어려울 정도로 심각할 수 있다. 한 사람에게 투약할 신약을 개발할 때에도 여러 단계의 임상 시험을 거치며 매우 신중하고 엄격한 인증 과정을 거치는데, 하물며 77억이 살고 있는 지구에 정밀 검사 없이 대규모 수술을 섣부르게 시도할 수 없는 노릇이다. 반기문 전 유엔 사무총장은 "지구는 유일하기 때문에 차선책은 없습니다(There is no plan B, because there is no planet B)."라고 했다. 하나뿐인 지구를 대상으로 섣부른 지구공학적 시도를 하다가 비가역적인 변화를 초래하기라도 하는 날에는 결코 회복할 수 없는 지경에 이를 것이므로 매우 신중해야만 한다. 영화 〈설국열차〉의 배경이 된 설국이 만들어진 이유도 지구공학적 접근 방안 중 하나로 논의되고 있는 성층권 이산화황 살포에 따른 부작용이었음[52]을 간과해서는 안 된다. 정밀한 과학적 진단이 우선시되어야 한다는 의미이다. 즉 현재로서는 온실가스 배출량을 줄이며 **과학적 진단**을 강화하는 것이 최선이라 할 것이다.

오늘날의 지구 환경에 대한 정밀한 진단은 그냥 이론적인 수준에서만 머물러서는 안 된다. 반드시 지구를 구성하는 하늘과 땅과 바다와 얼음이라는 현장에서 실제로 수집된 다양한 환경 관측 데이터를 분석해 가장 사실적이고 정확한 수준의 모니터링이 있어야 한다. 이러한 지구 환경 감시와 분석을 통해 지구의 건강을 정밀하고 세밀하게 진단(마치 사람들이 건강 검진 하듯이)하기 전에 섣부른 지구공학적 수술부터 시도해서는 곤란하다. 특히 기후와 지구 환경의 작동 원리를 제대로 이해하기 위해서는 과거의 지구 환경 데이터 기록이 매우 중요하다. 지구온난화, 해수면, 빙하, 생태계 등 지구 환경을 구성하는 요소들의 변화를 이해하려면 과거의 변화 기록을 분

••••
52   영화 〈설국열차(2013)〉에서 열차학교의 수업 장면에 나오는 내용에 따르면 지구온난화 대책으로 79개국 정상들이 비행기로 냉각제 'CW-7'이라는 물질을 대기 중에 살포하기로 결정하고 이후 빙하기가 닥치면서 모든 생물이 사라져 열차 내부의 사람들만 생존한다. 아마도 이 냉각제는 이산화황일 것으로 추정된다. 실제로 과거 필리핀 피나투보 화산 폭발 당시 화산재의 이산화황 성분이 성층권까지 도달해 지구로 유입하는 태양복사에너지를 차단해 지구 평균 온도가 0.5도 낮아지기도 했다.

석해야 하기 때문이다. 우리 선조들은 《조선왕조실록》이라는 위대한 기록 문화 유산을 남겨 주었는데, 여기에는 측우기의 강수량 기록을 포함해 오랜 조선 왕조 기간 동안의 다양한 환경 변화를 보여 주는 정보도 포함되어 있다. 장기간의 환경 관측 데이터의 하나인 셈이다. 소위 4차 산업혁명과 함께 많은 분야에서 발빠르게 인공지능(Artificial Intelligence) 기술이 적용되는 요즘에 인공지능을 학습시킬 과거 장기간의 환경 관측 데이터를 남긴 우리 선조들의 지혜에 다시 한 번 감탄하게 된다. 마찬가지로 오늘의 지구 환경에 대한 기록을 남겨 두지 않으면 인공지능도 학습할 데이터 없이는 작동할 수 없으므로 무용지물이 되기 쉽다. 결국 우리가 살고 있는 지구 환경에 대한 과학적 데이터를 지속적으로 수집하고 분석해 지구의 건강 상태를 진단하는 노력이 현 시점에서는 가장 중요한 인간과 지구의 공존 해법이라 할 것이다.

╷╷

에필로그

    이 책을 쓰는 와중에도 겨울에는 기록적인 한파와 폭설로 수십 명이 사망하고, 여름에는 한쪽에서 극심한 가뭄과 폭염에 거대한 산불이 발생하는가 하면 다른 한쪽에서는 심각한 폭우로 겪어 보지 못한 홍수 피해를 입었다는 소식이 들린다. 전기와 물이 끊기고 수해 피해를 입은 지역은 '난민촌' 같은 분위기라고 한다. 이처럼 지구촌 곳곳의 '기상 이변'이 더 이상은 이변이 아닐 정도로 자주 목격되는 것이 기후위기, 기후비상에 처한 오늘의 현실이다. 각종 기상 이변과 함께 전 세계적 팬데믹으로 진정한 의미의 21세기를 열면서 인류는 오랫동안 외면해 온 기후변화에 따른 감염병 충격 위

                                  기후위기와 대응 노력

협 증가에 대한 과학자들의 경고에 다시금 귀를 기울이기 시작했다. 기후변화로 각종 동식물의 서식지가 바뀌는 등 심각한 생태계 변화가 동반되면서 코로나19 같은 바이러스뿐 아니라 이상 기후 등 다양한 '신종' 지구 환경 변화로 인류의 생존까지 크게 위협받는 기후비상 상황에까지 이르렀다. 결국 전례 없는 기후재앙을 안전하고 지속 가능한 방식으로 피하기 위해서는 기후 침묵을 멈추고, 온실가스 배출량을 획기적으로 줄이는 등 기후변화에 적응하기 위한 대전환이 불가피하다. 이미 각국은 2050년경 탄소 중립을 선언하고 저탄소, 탈탄소 사회로 문명 자체를 탈바꿈하기 위한 이행 방안을 모색 중이다.

이처럼 국제 사회와 주요 기업들은 발빠르게 21세기 사회로의 전환을 시도 중인데, 일각에서는 아직도 기후변화 문제를 논쟁 중인 사안으로 인식하거나 막연하게 인간이 저지른 행동에 대한 지구의 반격 정도로 치부하는 사람들이 있는 듯하다. 기후변화를 이야기하기 전에 먼저 인위적인 기후변화가 나타나기 전의 지구의 기후가 어떠했는지, 우리가 살고 있는 지구를 구성하는 땅, 하늘, 바다, 얼음, 그리고 생명체가 어떤 기후에서 오랜 기간 상호 작용하고 있었으며, 인류가 어떻게 그리고 왜 기후를 변화시켰는지, 탄소 배출량을 줄이지 않으면 어떻게 될 것인지와 같은 기후 문제에 대해 알아야 한다. 하지만 쉽게 그리고 체계적으로 정리한 책을 찾아보기 어려웠기에 글재주가 부족하지만 이 책을 집필하게 되었다. 모쪼록 이 책을 읽으며 기후 소양(Climate Literacy)를 갖추고 전 세계적 대전환의 선두에 서는 사람들이 늘어나길 소망해 본다. 책이 출판될 수 있도록 기획부터 마무리까지 큰 수고와 노력을 아끼지 않은 비전비엔피 출판사에 깊이 감사드린다.

참고문헌

· 국토교통부 (2016), 대한민국 국가지도집, 국토지리정보원, 186pp.
· 기상청 (2020), 한국 기후변화 평가 보고서 2020: 기후변화 과학적 근거, 기상청
· 신호성, 김동진 (2008), 기후변화와 전염병 질병 부담, 한국보건사회연구원
· 정석근 (2021), "중국만 이롭게 하는 대한민국 수산 정책", 정석근의 되짚어보는 수산학, 월간 현대해양, 12, (2021년 1월 11일자 기사)
· 채수미, 김대은, 오수진, 김동진, 우경숙 (2017), 보건 분야 기후변화 대응을 위한 근거 생산과 정책 개발, 한국보건사회연구원
· 최재천, 최용상 (2011), 기후변화 교과서, 도요새, 631pp.
· Aguado, E. (2005), 생활 환경과 기상, 김경익 옮김, 동화기술교역, 496pp.
· Bryden, H. L., H. R. Longworth, and S. A. Cunningham (2005), Slowing of the Atlantic meridional overturning circulation at 25 degrees N, *Nature*, 438, 655–657.
· Kiritani, K. (2006), Predicting impacts of global warming on population dynamics and distribution of arthropods in Japan, *Popul. Ecol.*, 48, 5–12.
· Kwon, T. S., S. S. Kim, J. H. Chun, B. K. Byun, J. H. Lim, and J. H. Shin (2010), Changes in butterfly abundance in response to global warming and reforestation, *Environ. Entomol.*, 39(2), 337–345.
· Peel, M. C., B. L. Finlayson, and T. A. McMahon (2007), Updated world map of the Köppen–Geiger climate classification, *Hydrol. Earth Syst. Sci.*, 11, 1633–1644.
· Parmesan, C. and G. Yohe (2003), A globally coherent fingerprint of climate change impacts across natural system, *Nature*, 421(6918), 37–42.
· Randall, D. A., R. A. Wood, S. Bony, R. Colman, T. Fichefet, J. Fyfe, V. Kattsov, A. Pitman, J. Shukla, J. Srinivasan, R. J. Stouffer, A. Sumi and K. E. Taylor (2007), Climate Models and Their Evaluation. In: Climate Change 2007: The Physical Science Basis. Contribution of Working Group I to the Fourth Assessment Report of the Intergovernmental Panel on Climate Change [Solomon, S., D. Qin, M. Manning, Z. Chen, M. Marquis, K. B. Averyt, M. Tignor and H. L. Miller(eds.)]. Cambridge University Press, Cambridge, United Kingdom and New York, NY, USA.